BEI GRIN MACHT SICH IHR WISSEN BEZAHLT

- Wir veröffentlichen Ihre Hausarbeit, Bachelor- und Masterarbeit

- Ihr eigenes eBook und Buch - weltweit in allen wichtigen Shops

- Verdienen Sie an jedem Verkauf

Jetzt bei www.GRIN.com hochladen und kostenlos publizieren

CIRCE, ein Laborwirbel. Geometrische Grundformen zur Beschreibung spiralig fluidischer Objekte in Strömungen

Michel Felgenhauer

Bibliografische Information der Deutschen Nationalbibliothek:

Die Deutsche Nationalbibliothek verzeichnet diese Publikation in der Deutschen Nationalbibliografie; detaillierte bibliografische Daten sind im Internet über http://dnb.d-nb.de abrufbar.

ISBN: 9783346376657
Dieses Buch ist auch als E-Book erhältlich.

© GRIN Publishing GmbH
Nymphenburger Straße 86
80636 München

Druck und Bindung: Books on Demand GmbH, Norderstedt Germany
Gedruckt auf säurefreiem Papier aus verantwortungsvollen Quellen

Das vorliegende Werk wurde sorgfältig erarbeitet. Dennoch übernehmen Autoren und Verlag für die Richtigkeit von Angaben, Hinweisen, Links und Ratschlägen sowie eventuelle Druckfehler keine Haftung.

Das Buch bei GRIN: https://www.grin.com/document/990559

Für MATTI,

Julia und Moritz

Michel Felgenhauer ist das Pseudonym des Motorenbauers Michael Dienst aus Wiesbaden. Ich lebe und arbeite in Berlin, bin Sprecher der Bionic Research Unit der Beuth Hochschule für Technik Berlin und war seit 2003 Dozent für Bionic Engineering am Industrial Design Institut der Hochschule Magdeburg Stendal.

Martha Felgenhauer stirbt 1943 als junge Frau in Ziegenhals, Schlesien. Die sie kannten sagen, wir seien wesensverwandt. Gelegentlich also erzähle ich meiner Großmutter Geschichten aus der fröhlichen Wissenschaft.

Martha, heute ist ein ganz besonderer Tag. Da ich dies schreibe, erkämpft sich Dein Urenkel Matti das Licht der Welt. Ist das nicht wunderbar?

Berlin, 29. März 2021

CIRCE. Laborwirbel

About a spiral Lagrange Coherent Object

In nature we encounter eddies, fluidic spirals and the Lundgren shape. We encounter Lagrange Coherent Systems, implicit fluids and alien surfaces; see how fluidic skin limits largely inert subsystems: fluid within an fluid. But we do not encounter a concentric spiral system, the "CIRCE vortex"! CIRCE is the synthetic model of a vortex, a laboratory vortex, an artifact.

On the other hand: In nature we encounter flying and swimming beings, we measure the exchange of momentum with the fluidic environment, observe the decoupling of flow energy from the fluid and the transfer of momentum into the biological system. This energy behavior in living nature is astonishing but measurable, the nature of what happens can be described, but we do not really understand how it works. It remains as a mystery to us.

In der Natur begegnen wir Wirbeln, fluidischen Spiralen und der Lundgren-Form. Wir begegnen Lagrange Kohärenten Systemen, impliziten Fluiden und fremdartigen Oberflächen; sehen, wie fluidische Haut weitgehend inerte Subsysteme begrenzt: Fluid within a Fluid. Einem konzentrischen Spiralsystem aber, dem „CIRCE-Wirbel" begegnen wir nicht! CIRCE ist das synthetische Modell eines Wirbels, ein Laborwirbel, ein Artefakt.

Hingegen: In der Natur begegnen uns fliegende und schwimmende Wesen, wir bemessen Impulsaustausch mit der fluidischen Umgebung, beobachten die Entkopplung von Strömungsenergie aus dem Fluid und den Transfer von Impuls in das biologische System. Dieses Energiegebaren in der belebten Natur ist erstaunlich aber messbar, das Geschehen ist seiner Art nach beschreibbar, aber wir verstehen das Wirken in Wirklichkeit nicht. Es bleibt uns ein Rätsel.

Michel Felgenhauer, Berlin im März 2021

<u>Aus dem Inhalt:</u>

Intro

Der Energieaustausch mit der Strömung bei wandernden Fischen ist spektakulär. Bis zu vierzig Prozent der zum Beraufschwimmen erforderlichen Energie stammt aus der Strömung. Forellen und Lachsartige weiden dabei Wirbelstrukturen ab, die aus Strömungsschnellen stammen, zusammenhängend sind und flussabwärts an den Fischen vorbeischwimmen. Das alles ist seit den den 90er Jahren bekannt und beschrieben. Und mit der Rede über den Vorgangs erscheint die wissenschaftliche Aufgabe als gelöst[1]. Wir rezenten Forscher sortieren das Stückwerk, ordnen die Akten, hegen zufrieden das tradierte Narrativ[2] und ruhen sanft.

Bis eines Tages der Zweifel nagt und wir darüber grübeln, die wunderbar schlüssigen Lösungen nicht ein letztes Mal zu hinterfragen. Die ehrlichen unter uns werden zugeben, dass sie gar nicht so sehr die Wahrheit schätzen, sondern eher die Suche danach. Und die redlichen unter den ehrlichen stellen sich die Frage, ob sie die Säge zu schärfen oder weitersägen sollen, wie bisher?
Der Labor-Wirbel CIRCE ist genau das: ein Werkzeug. Ein abstraktes, theoretisches Modell. Zukünftige Untersuchungen realer Strömungen werden immer und immer wieder die Unterscheidung von Realität und Wirklichkeit fordern. Wirklichkeit im Sinne von physikalischer Wechselwirklichkeit. Diese Sichtweise erkennt das Wirbelmodell CIRCE als Option, Realität durch synthetische Wechselwirklichkeit beschreibbar zu machen. Ein Instrument. Aber auch nicht mehr.

Der Aufsatz behandelt geometrische Grundformen zur Beschreibung spiralig fluidischer Objekte in Strömungen: Fluid within a Fluid. Die Ergebnisse der Forschung an und mit so genannten Lagrange Kohärenter Systemen (LCS), legt die Vermutung nahe, dass sich Strömungen in besonderen Fällen innerhalb von Strömungen als inerte und nach außen hin abgegrenzte Konstrukte ausbilden. Die Theorie geht davon aus, dass Lagrange Kohärente Systeme geschlossene Oberflächen bilden, die einem ansonsten homogenen fluidischen Kontext implizit sind. Diese Oberflächen können gesehen, gemessen und durch theoretische Modelle beschrieben werden. Manche zu den LCS-Oberflächen gehörenden Körper, werden als „linienhafte" Gebilde beschrieben, die in einer

---

[1]Triantafyllou M., Kupfer K., Bers A. (1987) Absolute instabilities and self-sustained oscillations in the wakes of circular cylinders. Physical Review Letters 59, 1914–1917. ADSCrossRefGoogle Scholar
[2] Dienst, Mi. (2016) THE ORIGIN OF BIOLOGICAL COMPLEX GEAR, Design Intent regarding Surfboard fins with "Intelligent Mechanics, i-mech". GRIN-Verlag GmbH München, ISBN(e-Book): 9783668264779, ISBN(Buch): 9783668264786

Theorie Lagrange Kohärenter Objekte als eindimensionale, elastische Linien angenommen werden. Dieserart Beschreibungen von Beobachtungen natürlicher Strömungen ist gemein, dass sie fadenförmigen Lagrange Kohärenten Objekte identifizieren, die durchaus komplizierte dreidimensionale Figuren annehmen, aber offenbar nicht dazu neigen, sich zu durchdringen oder sich ineinander aufzulösen, also auf eine seltsame Weise „topologisch inert" sind. Werden speziell natürliche spiralige Muster beobachtet, ist augenfällig, dass es sich immer um nichtendliche Wicklungen handelt, also Spiralen, die sich in ein Zentrum hinein und wieder hinaus winden, ansonsten aber aus einem einzigen (unendlichen) Band zu bestehen scheinen. Aus der Geometrie sind dieserart fadenförmig-nichtendliche Wicklungen als „Fermat-Spiralen" bekannt. In den 80er Jahren nahm Lundgren die Fermat-Form zur Grundlage seiner Wirbeltheorie (Lundgren 1982). Die darauf ansetzende Forschung behandelte in erster Linie die Entstehung einer Lundgren-Form aus einer linearen Grundform heraus (Krasny 1991) mit einem Lösungsansatz, der aus der nichtlinearer Oberflächenwellen stammt. Moffat (1992) nennt die Lundgren-Formation das endgültige Ergebnis der Kelvin-Helmholtz-Instabilität und zeichnet das Wirbelmodell als eine geschlossen- kohärente Struktur. Auf der Suche nach Algorithmen zur Separierung geschlossen zusammenhängender Strukturen, die abstoßenden und anziehenden Fluidbewegungen in Scherschichten zu beschreiben, prägen Haller und Yuan (2000) den Begriff: „Lagrange Kohärenten Systeme, LCS". Inzwischen haben sich LCS-Modelle als Geometrieparameter in der Theorie turbulenter Grenzschichten etabliert (Yue 2016). Darüber hinaus sind explizite LCS weiterhin von Interesse. So nimmt sich die rezente Forschung des inneren Milieus kompakter Wirbelstrukturen und ihrer diffusen Hülle an. Die Organisation Lagrange Kohärenter Schichten im Innern eines ebenen Wirbels beschreibt Haller et al. (2020) als fluidische Materialgrenzen. In seinem Innern besitzt der Wirbel eine Schar (family) konzentrischer Lagrange Kohärenter (Kreis-) Figuren, die dadurch gekennzeichnet sind, dass der Austausch an Zirkulation über die LCS-Grenze einem Minimum zustrebt und nach außen inert ist (*Each material curve has the same pointwise vorticity transport density. The outermost member of this family serves as the diffusive vortex boundary*). Dies ist insofern bemerkenswert, weil in dieser Arbeit erstmals das Konzept der Lagrange Kohärenten Strukturen auf ein klassisches Wirbelmodell angewendet wird.

Klassische Wirbelmodelle

Der Potentialwirbel ist das Paradebeispiel einer rotor-freien Potentialströmung. Die Fluidelemente des Potentialwirbels „wirbeln" eben gerade nicht um ein Zentrum herum, sondern machen eine richtungsgleich kreisende ALOHA-Bewegung: rot $\underline{u}$=0. Betrachten wir vom Zentrum des ebenen Wirbels aus den Radius r bis hin zum Rand R, soll uns hier lediglich das Geschwindigkeitsprofil auf dieser endlichen Fläche interessieren. In einer rotorfreien Potentialströmung zeigen die Fluidelemente immer in die gleiche Richtung, was weitreichende Konsequenzen hat: die Winkelgeschwindigkeit ω ist im Zentrum (r=0) am größten, am Rand (r=R) klein[3]. Die Geschwindigkeit und der Druck sind wieder komplementär.

Wir finden am Rand hohe Drücke, im Zentrum die kleinen Drücke. Für manche Fragestellungen der Energiekopplungen wäre das eine optimale Randbedingung, weil wir in der Fluidbewegung den größten mechanischen Output genau in der tangentialen Übertragungszone am Rand der der „Walze" finden. Aber leider ist die Welt der Wirbel eine Scheibe und die tradierten Wirbelmodelle finden nur in der Ebene eine geschlossene Antwort auf die Frage nach der Impuls- und Energieübertragung.

Festkörperwirbel. In einem ebenen Festkörperwirbel bewegen sich alle Fluidelemente mit gleicher Winkel- Geschwindigkeit rot $\underline{c}$=2ω auf konzentrischen Bahnen um ein gemeinsames Zentrum. Der Bierdeckel ist eine gute Metapher, oder räumlich gesehen, die Gebetsmühle. So einfach und plausibel sie auch aussieht, die Gebetsmühle, als Modellvorstellung für Wirbel ist sie kritisch. Die Geschwindigkeit der Masseteilchen ist außen (r=R) am größten und im Kern (r=0) am geringsten, gleichzeitig wissen wir aus den Überlegungen oben, dass daraus folgt, dass der Druck außen am geringsten, im Innern aber groß ist und wir fragen uns: Warum funktioniert das Modell überhaupt?

Der Rankine-Wirbel ist viel eher universell. Sein Namensgeber, William John Macquorn Rankine (*1820 in Edinburgh; †1872 in Glasgow) war ein schottischer Physiker und Ingenieur. Rankine-Wirbel stehen für ein Kombinations-modell aus Potentialwirbelmodell und Festkörperwirbel. Der Rankine-Wirbel ist, anders als seine beiden Bestandteile, eine exakte Lösung der Navier-Stokes-Gleichung. Der Rankine-Wirbel verbindet das Modell des Potentialwirbels im Außenbereich

---

[3] Weil die Rotation „rot" des Geschwindigkeitsfeldes verschwindet, zeigen die Fluidelemente trotz ihrer kreisenden Bewegung im Wirbel immer in dieselbe Richtung. Wenn man mathematisch genau ist, gilt die obige Gleichung allerdings nur außerhalb des Zentrums, also für während bei Mitnahme des Zentrums gilt, mit der zweidimensionalen Diracschen Deltafunktion und der Wirbelstärke. https://physik.cosmos-indirekt.de/

(R<r<r1) mit dem Festkörperwirbelmodell im Zentrum (r1<r<0). Das ist nicht sofort einsichtig. Die Argumentation um Potential- und Festkörper-wirbel impliziert natürlich, dass wir verstanden haben, was ein Wirbel ist: die Wirbelstärke Ω ist der rotatorische Anteil der Geschwindigkeit c; gleichzeitig verschwindet die Divergenz jeder Rotation.

$$\Omega = \text{rot } c \quad \text{und div } \Omega = 0.$$

Wenn nun der erste Helmholtz'sche Wirbelsatz besagt, dass die Zirkulation längs der Randkurve einer Fläche und ganz auf dem Mantel einer Wirbelröhre liegt, verschwindet die Zirkulation um verschiedene Querschnitte einer Wirbelröhre. Den zweiten Teil - er ist der eigentliche Kern des 1. Helmholtz'schen Wirbelsatzes - verstehen wir sofort. Die Zirkulation an einem beliebigen Querschnitt A der Wirbelröhre ist immer gleich. Somit kommt diese Aussage ($\Gamma_1 = \Gamma_2$) daher, wie eine Kontinuitätsbeziehung. Und ich füge hinzu: auf die wir uns immer und immer verlassen können. Der 1.HW und die Kontinuitätsregel gelten für jede Strömung ohne Rücksicht auf ihre Ursache. In der Literatur nennt man den 1.HW auch die Kontinuitätsgleichung der Wirbelstärke. Das hat den praktischen Vorteil, dass man der Wirbelröhre eine Zirkulation Γ zuweisen kann in der Art, wie in einem inkompressiblen Fluid den konstanten Volumen-strom dV=0. Wir sehen sofort, dass sich die Zirkulation (Γ= const) auf einem Wirbelfaden gar nicht ändern kann immer dann, wenn der 1. Helmholtz'sche Wirbelsatz gilt. In der Abb.xxxx4 sehen wir den Gradient der generalisierten Geschwindigkeit v/v_∞ in einem Potentialwirbel, einem Festkörperwirbel und die Geschwindigkeits-verteilung und Zirkulationsstärkeverteilung über einen generalisierten Radius beim Rankine-Wirbel und die Idee des Rankine-Wirbels, als ein synthetisches Konstrukt und ein Kombinationsmodell aus Potential- und Festkörperwirbel. Im Modell gibt es einen signifikanten Radius r_1 und mit dem Verhältnis r_1/r, einem generalisierten Radius; die Wirbelstärke des Wirbelkerns sei Ω_0. Betrachten wir zuerst die Geschwindigkeitsverteilung über den generalisierten Radius. Es kann eine dem lokalen Druck äquivalente Kraftgröße abgeleitet werden. Rankine nahm an, dass sich im Innern eines realen Wirbelfadens immer ein Wirbelkern (r<r1) befindet, in dem das Fluid wie ein starrer Körper rotiert.

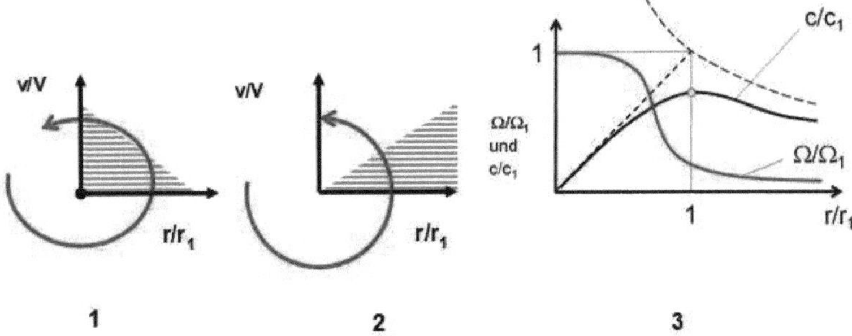

Abb.1: (1) Gradient der generalisierten Geschwindigkeit in einem Potentialwirbel, Festkörperwirbel (2) und Rankine-Wirbel (3), (eigene Darstellung Mi. Felgenhauer 2020).

Das ist die Potentialwirbel-Komponente für Radien $r<r_1$. Die Geschwindigkeitsverteilung c/c_1 besitzt ein Maximum in der Nähe des signifikanten Radius. $r/r_1=1$, mit $c_{MAX}=\Gamma/2\pi r1$. Das ergibt sich direkt aus der Geschwindigkeits- und Zirkulationsverteilung über den generalisierten Radius.

Dort, wo die beiden Teilmodelle überlappen, ist die Kurve nicht definiert; ein rein theoretisches Problem. Und ja, es gibt verbesserte Modelle. Hamel und Oseen[4] haben eine Formel angegeben, die die Navier-Stokes-Gleichung löst. Betrachten wir die Kurve c/c_1 des Rankine-Wirbels können wir uns vom Modell der Geschwindigkeitsverhältnisse in der Randzone des Potentialwirbels lösen. Die Geschwindigkeit am Radius einer Wirbelwalze liegt offenbar unterhalb der des Modells des Festkörperwirbels und ist zumindest nicht Null, wie beim Potentialwirbel.

---

[4] Der Hamel-Oseen'sche oder Lamb-Oseen'sche Wirbel (von Carl Wilhelm Oseen, Georg Hamel, Horace Lamb, im Folgenden einfach Oseen'scher Wirbel) ist ein mathematisches Modell einer Wirbelströmung eines linear viskosen, inkompressiblen Fluids. Das Geschwindigkeitsfeld von Strömungen solcher Fluide wird in der Strömungsmechanik mit den Navier-Stokes-Gleichungen beschrieben, die vom Oseen'schen Wirbel exakt erfüllt werden. Das Fluid strömt rein kreisförmig jedoch zeitabhängig, instationär um das Wirbelzentrum. (Wikipedia) Siehe auch: M. Bestehorn: Hydrodynamik und Strukturbildung. Springer, 2006, ISBN 978-3-540-33796-6, S. 380. F. Kameier, C. O. Paschereit: Strömungslehre. Walter de Gruyter, 2013, ISBN 978-3-11-018972-8, S. 274 ff.

Lagrange Kohärente Systeme

Die inzwischen etablierte Theorie Lagrange Kohärenter Systeme LCS wurde in den frühen 2010er Jahren am Lefschetz Center for Dynamical Systems der Brown University, später an der ETH Zürich, dort am Department of Mechanical and Process Engineering, entwickelt. Das Akronym „LCS (Lagrange Coherent Structures)" stammt von Haller & Yuan (2000)[5]. Haller suchte nach einem Ansatz, die abstoßenden und anziehenden Fluidbewegungen in realen Scherschichten zu beschreiben. Beschleunigte Scherschichten sind im Labor nur in speziellen mehrgebläsigen Windkanälen sicher darstellbar. In Zürich wusste man dies aus der experimentellen Forschung. Man hatte beobachtet, dass innerhalb fluidischer Regime, Systemoberflächen existieren, die zusammenhängende Strukturen von der restlichen Strömung separieren. Diese zusammenhängenden Systeme entwickeln eine komplexe körper- und richtungsbezogene Dynamik innerhalb einer Strömung. Als man in Zürich mit der Forschung ansetzte, konnten die Wissenschaftler auf keine tragfähigen theoretischen Modelle zur quantitativen Beschreibung dieser sonderbaren physikalischen Geschehnisse zugreifen. Rasch wurde klar, dass es zukünftig großvolumiger, numerischer Modelle und komplexer Simulationen bedarf, die fremdartigen Systemoberflächen dieser nunmehr Lagrange Coherent Structures genannten Systeme in Strömungsszenarien aus experimentellen und numerischen Daten zu isolieren und sie notfalls mit einer vereinfachenden Herangehensweise beschreibbar zu machen. Hallers Forschung ging der Frage nach, ob es gelingen könnte, Mischung, Entmischung und Massetransport in und um Lagrange Kohärenter Systeme in komplexen fluidischen Szenarien vorherzusagen oder sogar zu beeinflussen. Es wurden im Zuge der Theoriebildung nichtlineare dynamische Systemmethoden entwickelt, um komplexe Probleme in angewandter Wissenschaft und Technik zu lösen, etwa die Analyse von Transportprozessen und Kohärenz in einem Ozean und in der Atmosphäre, die Echtzeiterfassung von Luftturbulenzen in der Nähe von Flughäfen, die Theorie und Kontrolle der instationären, aerodynamischen Trennung, die Dynamik von Trägheitsteilchen unter Gedächtniseffekten und die Theorie des dynamischen Übergangszustands bei chemischen Reaktionen. Das Arbeiten mit synthetischen Lagrange Kohärenten Systemen steht in Zürich weniger im Vordergrund der Forschung. Auch werden weniger essenzielle, das innere Milieu von LCS betreffende Fragen bislang nicht gestellt. Was den laienhaften Betrachter der Szene ein wenig verwundert.

---

[5] Lagrangian coherent structures and mixing intwo-dimensional turbulence, G. Haller, G.Yuan Division of Applied Mathematics, Lefschetz Center for Dynamical Systems, Brown University, Providence, RI 02912, USA Received 11 February 2000; received in revised form 6 June 2000 ; accepted 10 July 2000Communicated by U. F

CIRCE und LUNDGREN

Der LUNDGREN Wirbel und sein Ersatzmodell CIRCE sind geometrisch wenig verwandt. Während die Lundgren-Form aus einem einzigen zusammenhängenden Objekt besteht, erscheint das Modell CIRCE aus mehreren konzentrischen Objekten montiert. Wir werden unten sehen, dass CIRCE die physikalischen Eigenschaften der Lundgren-Form mit einer gewissen Genauigkeit emuliert. Betrachten wir die zugehörige Phänomenologie beobachtbarere Wirbel in der Natur fallt auf, dass in ansonsten homogenen Strömungen spiralige Strukturen auftauchen, die selbst in größeren zeitlichen Formaten eine erstaunlich stabile topologische Gestalt behalten und man zu dem Eindruck gelangt, vollkommen von der Strömung separierte Konstrukte zu beobachten. Sie scheinen implizit und gleichzeitig isoliert in einem dreidimensionalen Strömungsfeld zu schwimmen und mit diesem in Wechselwirkung zu stehen. Das ist natürlich sehr interessant und man möchte gerne verstehen, was geschieht und welche physikalischen Zusammenhänge existieren. Allerdings zeigt sich in der Analyse- und Simulationspraxis rasch, dass diese zusammenhängenden spiraligen Formationen sich einer quantitativen Überprüfung mit tradierten Mitteln der angewandten Wirbelphysik entziehen. Die Fortschritte bei der Erforschung Lagrange Kohärenter Systeme (LCS) seit der Jahrhundertwende haben auch auf dem Gebiet der Wirbelphysik gewisse Hoffnungen aber auch rezente wissenschaftliche Begehrlichkeiten geweckt. Noch herrscht keine eindeutig auszumachende Bewegungsrichtung auf dem (weiten) Feld möglicher, zukünftiger Wirbeltheorien, doch zeichnet sich ab, dass hochperformante numerische Modelle Lagrange Kohärenter Systeme (LCS) einen Beitrag zum Verständnis dieser komplizierten Zusammenhänge leisten werden.

Wir besitzen also noch keine geschlossene Theorie der Lagrange Kohärenten Systeme. Allerdings deutet eine Phänomenologie der LCS spiralige Gebilde als Systeme, die um ein Zentrum gewunden spiralig und gleichzeitig zirkulationsbehaftet sind (Felgenhauer 2020). Lagrange Kohärenter Objekte sind aus der Sicht dieser Phänomenologie von ihrem Wesen her Wirbelfäden, im Sinne der Wirbeltheorie nach Helmholtz und gleichsam Fluidische Trajektorien modernerer Interpretationen.

Der Lundgren-Wirbel ist ein Modell für die intermittierende Feinstruktur von Turbulenzen mit hoher Reynoldszahl; Lundgren[6] schreibt: „Das Modell besteht aus schlanken koaxialen Spiralwirbellösungen, einem Ensemble zufällig orientierter strukturierter, zweidimensionaler Wirbel, die durch einen axialsym-

---

[6] T. S. Lundgren, T.S. (1982) Strained spiral vortex model for turbulent fine structure, The Physics of Fluids 25, 2193 (1982); https://doi.org/10.1063/1.863957

metrischen Dehnungsfluss gedehnt werden." Lundgren spricht ferner von der Existenz eines selbstähnlichen und Entrophie erhaltenden Bereichs im zwei-dimensionalen Kolmogorov-Entropie-Spektrum[7]. Die KS-Entropie evaluiert die das Spektrum aus einer Fourier-Analyse über die Geschwindigkeitsquadrate in einer Schnittebene. Man mag sich das Kriterium etwa so vorstellen: beobachtbare, exponierte Elemente in einer Strömung werden hinsichtlich ihrer Beweglichkeit zueinander untersucht. Dieserart kann ermittelt werden, ob sie einem gemeinsamen geometrischen Regime angehören und ein kohärentes Ensemble bilden. Das Kolmogorov-Entropie-Spektrum über eine Schar addressierbarer Punkte im fluidischen Raum beantwortet die Frage nach separierbaren Bereichen innerhalb eines Fluids (fluid within a Fluid) über die Existenz deren Systemgrenzen. Das Eindrehen der Spiralwindungen (schreibt Lundgren weiter) erzeuge eine Kaskade von Geschwindigkeitsschwankungen in kleinerem Maßstab. Die Ergebnisse sind unempfindlich gegenüber der Zeitabhängigkeit der Dehnungsrate, einschließlich selbst intermittierender Ein- oder Aus-Dehnungen. Lundgren beschreibt die ästhetzisch gefällige Form des spiraligen Objekts und die Identifizierung seiner impliziten Gestalt im Fluid gelingt über messbare Inditien. Die Lundgren-Form, der Lundgren-Wirbel IST (ein LCO) und man erkennt ihn AN definierten Merkmalen, aber wir erfahren nichts darüber, WAS das Wesen seiner physikalischen Wirkungen gegenüber seiner Umgebung ausmacht. Eine Phänomenologie, die sich dieser essentiellen Frage annimmt, kürzlich. Das innere Milieu der 2020 (Felgenhauer[8]) untersuchten Modelle spiralig Lagrange Kohärenter Objekte, bauen auf der klassischen Strömungsmechanik makroskopischer Wirbelstrukturen, der tradierten Lehre und der ihr innewohnenden Physik, auf. Dieses einbeschriebene Milieu Lagrange Kohärenter Systeme folgt also jenen Wirbelsätzen, die Hermann von Helmholtz[i] um 1859 formuliert hat. Der erste Wirbelsatz bedeutet, dass sowohl die Zirkulation längs der Randkurve einer Fläche, die ganz auf dem Mantel einer Wirbelröhre liegt, verschwindet als auch, dass die Zirkulation verschiedener Querschnitte einer Wirbelröhre gleich ist. Der zweite Wirbelsatz besagt, dass Wirbelröhren zugleich Stromröhren sind, Wirbel an Materie (Fluid) anhaften und drittens, Teilchen, die einmal eine Wirbellinie gebildet haben, dies auch weiterhin tun (Kohärenz). Der dritte Wirbelsatz fordert die zeitliche Konstanz der Zirkulation in einer und um eine Wirbelröhre. Die Helmholtz'schen Wirbelsätze bilden die Grundlage des physikalischen Wechselwirkungsgeschehens der untersuchten spiraligen Lagrange Kohärenten Objekte.

---

[7] Kolmogorow-Sinai-Entropie, ein 1958 eingeführtes Maß für den Informationstransport von einer mikroskopischen zu einer makroskopischen, direkt beobachtbaren Skala. Sie wird auch als maßtheoretische Entropie oder metrische Entropie oder abgekürzt als KS-Entropie bezeichnet.

[8] Felgenhauer, Mi.(2020) Synthetische Lundgren-Wirbel und Lagrange Kohärente Objekte. GRIN-Verlag, München.

Ein neuartiger Ansatz über das innere Milieu Lagrange Kohärenter Objekte interpretiert die „Idee einer künstlichen Viskosität", wie sie heute in den Theorien Partikel basierter Strömungs-Simulation[9] (Smoothed-particle hydrodynamics, SPH) Anwendung findet auf eine radikale Weise. Nicht eine artifizielle Viskosität fittet die Navier-Stokes-Gleichung, sondern die dem Lagrange Kohärenten Objekt implizite Zirkulation Γ_i. Die Suche nach den theoretischen Grundlagen eines impliziten pfadabhängigen Ansatzes sind Gegenstand rezenter Bemühungen (Lagrange Implicite Vorticity-Theorie, LIV). Erste Überlegungen zu einem Ansatz (impliziter) Zirkulation erarbeiteten Cassey[10] und Naghdi bereits im Jahre 1991. Im Lichte moderner, Partikel basierter Strömungs-Modelle erscheint die Idee einer Impliziten Zirkulation viel weniger theoretisch, sondern von einem nützlichen Praxisbezug. Mit der Massenbilanz und dem Impuls in Lagrange-Schreibweise folgt die Definition der Lagrange Impliziten Zirkulation:

Massenbilanz:	$d\rho/dt = -\rho \nabla \underline{v}$
Impuls:	$d\underline{v}/dt = -(1/\rho) \nabla p + \nu \Delta \underline{v} + \mathbf{g}$
Lagrange Implicite Vorticity (LIV):	$\Delta \underline{v}(\nu + \Gamma) = d\underline{v}/dt + (1/\rho) \nabla p - \mathbf{g}$

Die Dimensionsanalyse liefert: $\Gamma\Delta\underline{v}$ [m²/s· 1/m· m/s] [m/s²] für die Lagrange Implicite Vorticity (LIV) eine Konsistenz zur Einheit der zeitlichen Ableitung der lokalen Geschwindigkeit ($d\underline{v}/dt$) [ms⁻²]. In der Praxis der numerischen Simulation ist die Impulsbilanz zu diskretisieren, so dass wir die LIV als Zirkulationstensor behandeln werden. Diese Rede greift der Ausformulierung einer Theorie der Lagrange Implicite Vorticity voraus, das bitte ich zu entschuldigen. Aber wir alle haben in den vergangenen Monaten begriffen, dass wir sterblich sind.

Der Lundgren-Wirbel ist (in der Lundgren'schen Formuklierung) ursprünglich ein Modell für die intermittierende Feinstruktur von Turbulenzen mit hoher Reynoldszahl. Der Lundgren-Wirbel hat die Form einer Fermat-Spirale. Oder wenigstens fast. Denn wesentlich an der Fermat-Spirale ist der mit dem Erzeugendenradius R abnehmende Windungsabstand. In diesem feineren Sinne ist das hier zur Diskussion stehende Modell gerade keine fermat'sche oder parabolische Kurve, aber eine (gezähmte) Variante dieser.

---

[9] Smoothed-particle hydrodynamics (SPH; deutsch: geglättete Teilchen-Hydrodynamik) ist eine numerische Methode, um die Hydrodynamischen Gleichungen zu lösen. SPH ist eine Lagrange-Methode, d. h. die benutzten Koordinaten bewegen sich mit dem Fluid mit. SPH ist eine besonders robuste Methode (nach wikipedia).

[10] J. CASEY & P. M. NAGHDI (1991) On the LagrangianDescriptionof Vorticity, in: Arch. Rational Mech. Anal. 115 (1991) 1-14. Springer-Verlag.

Vollständig ist die Fermatsche Spirale und die Lundgren-Form genau dann, wenn ein Ast zum Mittelpunkt hineinführt, die Kurve dort einen Wendepunkt besitzt und der zweite Ast (zentral-) symmetrisch aus der Spirale wieder hinausführt.

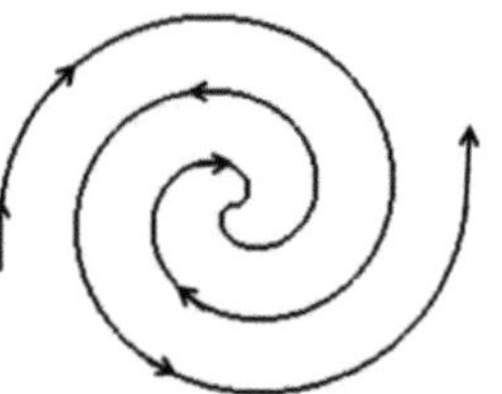

$$X = a_x \, \varphi \, R \, \cos(\varphi)$$
$$Y = a_y \, \varphi \, R \, \sin(\varphi)$$
$$Z = a_z \, \varphi \, R$$

für φ: $\{2\pi n < \varphi < 0\}$ und $\{0 < \varphi \, 2\pi n\}$;

Abb.2: Schema einer Lundgren-Form.

Jedem Element der Lundgren-Form begegnen andere Elemente der eigenen Struktur immer in entgegengesetzter Richtung. Begegnungen können lateral oder beidseitig sein. Einem geometrischen, konzentrischen Ersatzmodell für einen Lundgren-Wirbel, das auf den (Modell-) Vorstellungen fermat'scher Spiralen fußt, muss genau diese topologische Eigenschaft inhärent sein. Aus dieser Perspektive ist es in keiner Weise als beliebig anzusehen, welche Entstehungsursachen einem Wirbelmodell zugrunde liegen. Die Entstehungsursachen entscheiden letztendlich, welcher Ausrichtung die Lagrange Kohärenten (Teil-) Systeme unterliegen. Die Pfadabhängigkeit einiger physikalischer Eigenschaften, beispielsweise des Impulses, hatten wir ja als wesentlich für Lagrange Kohärente Objekte (LCO) identifiziert.

Die von einem (Ersatz-) Modell geforderte Pfadabhängigkeit seiner Wechselwirklichkeit bedeutet aber keineswegs, dass es nicht pfadunabhängige Modelle Lagrange Kohärenter Strukturen geben darf. Ganz im Gegenteil. Ein Blick auf die Vergangenen fünfzehn Jahre Forschung zeigt, dass bei fast allen untersuchten LCS die Richtungsinvarianz der physikalischen Wechselwirklichkeit überhaupt nicht relevant ist und auch nicht hinterfragt werden muss, um auf tragfähige Mess- und Simulationsergebnisse zu gelangen, so meine Vermutung.

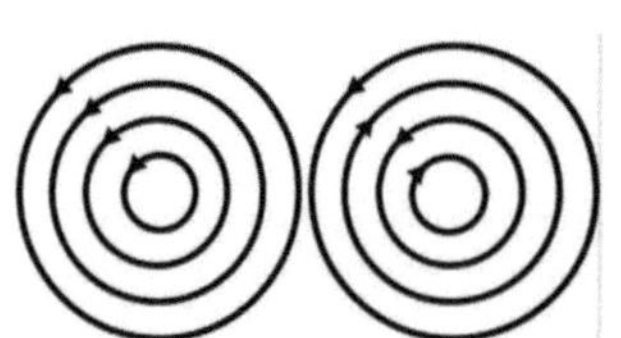

Abb.3: Zwei konzentrisch angeordnete Objekte, die unterschiedlichen Erzeugendensystemen entstammen.
Lineare Streichbewegung (links) und fermat'sche Wicklung (rechts).

Wirbel, deren Gestalt aus fermat'schen Wicklungen stammen, und Wirbelmodelle, die genau dies abbilden sollen, wird ein anderes inneres Milieu zuzuschreiben sein, als Wirbelmodelle, deren Gestalt beispielsweise aus einer Streichbewegung herrührt, etwa dem Rühren. Insofern ist CIRCE schon besonders speziell. Speziell in der Frage, was modelliert werden soll, besonders in der Berücksichtigung und Handhabung der physikalischen Wechselwirklichkeiten. CIRCE wird durch konzentrische Kreise dargestellt (Abb.4). Die mathematische Form ist sehr einfach:

mit ζ von 0 bis 2π: X=Ra cos(ζ) und Y=Ra sin(ζ);
mit ζ von 2π bis 0: X=Ri cos(ζ) und Y=Ri sin(ζ);

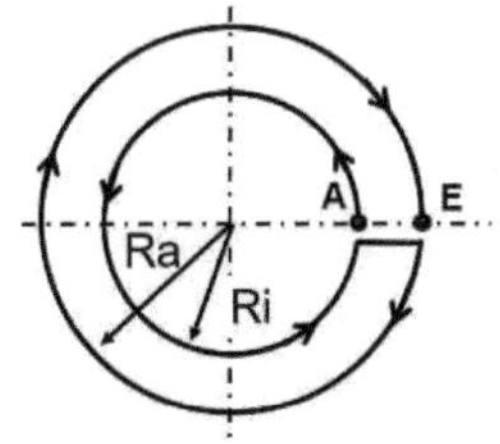

Abb.4: Schema einer CIRCE-Form.

Das CIRCE-Modell besitzt einen Anfang A, ein Ende E und enthält eine „Brücke, die den inneren mit dem äußeren Vollkreisbogen verbindet. Auf diese Weise entsteht eine pfadbehaftete Kontur (in der Skizze durch Pfeile symbolisiert). Will man den in die Strömung induzierten Impuls berechnen, reicht es aus, die konzentrischen Kreise mit der Richtungseigenschaft auszuweisen. Dies erfolgt bei Simulationsrechnungen in Modellannahmen des Induktionssystems. CIRCE ist das Ersatzmodell für eine spiralige Form immer dann, wenn die konzentrischen Kreise (oder Ellipsen) paarweise ausgeführt werden und die Gängigkeit der Lundgren-Form und des CIRCE-Modells gleich oder sehr ähnlich ist. Durch die Pfadabhängigkeit der Induktionswirkungen, etwa bei spiraligen Lagrange Kohärenten Systemen, kommt der unmittelbaren Nachbarschaft der Struktur an einem Ort natürlich Bedeutung zu. Bleibt es im Strömungsmodell bei überschneidungsfreien Begegnungen mit entgegengesetzter Zirkulation innerhalb des CIRCE-LCO, heben sich dort die Impulswirkungen rein rechnerisch auf, bleiben aber dem System erhalten. Nach einer Gestaltänderung tritt dann die ursprüngliche Impulsmächtigkeit der Struktur wieder zu Tage. Das ist der Grund, weshalb wir das CIRCE-Modell wandelbar nennen.

Semantik des Laborwirbels CIRCE

Berlin. Die Forschung über Lagrange Kohärente Objekte, insbesondere der spiraligen Formen hat ihren Ursprung in der Such nach einer Beschreibung der physikalischen Wechselwirklichkeit im Impulsaustauschs „aus" einer natürlichen Strömung „auf" das Schwimmen eines biologischen fluidischen Wesens, vulgär: Fisch. Nimmt es die Anwesenheit einer geeigneten Wirbelstruktur wahr, reagiert das Wesen mit einer Bewegungs-Reaktion auf das fluidische Energieangebot in der Strömung. Es kann in diesem Zusammenhang gezeigt werden, dass die biologische Flossenbewegung von selbst, also ohne kognitive Prozesse erfolgt, oder zumindest erfolgen könnte immer dann, wenn von einer „intelligenten Mechanik, imech" der biologischen Gestalt ausgegangen werden kann. (Voss 2016). Die Frage der nichtorthodoxen belastungsadaptiven Formänderung gilt als geklärt[11].

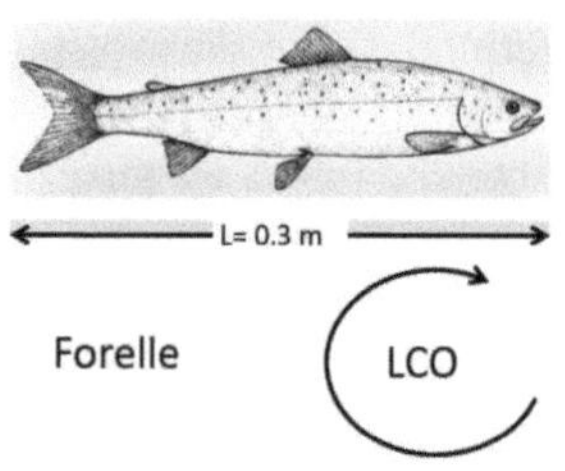

Abb.5: Größenordnungen. Der Laborwirbel CIRCE determiniert reale Koordinaten.
Modellannahme: RA(LCO) = 0.05 [m].

Numerische Untersuchungen zur intelligenten Mechanik zeigen, dass eine Fluid-Struktur-Interaktion stattfindet (Krebber 2005); wie der Transfer der einem Wirbel inhärenten Energie über die Systemgrenze erfolgt bleibt bis heute ein schlecht untersuchtes Phänomen und Motiv rezenter Forschung.

---

[11] M. Voss, P.U. Thamsen, H.-D. Kleinschrodt, Mi. Dienst (2015): "Experimeltal and numerical investigation on fluid-structure-interaction of auto-adaptive flexible foils", Conference on Modelling Fluid Flow (CMFF'15), Budapest, Ungarn, 1.-4. September 2015.
M. Voss, (2015) Experimentelle und numerische Untersuchung flexibler Tragflügelprofile. Dissertation, Technische Universität Berlin 2015.
Dienst, Mi. (2015). Das nichtorthodoxe Beaufschlagungs-Bewegungsgebaren von Fischflossen. Intelligent Mechanics in Nature and Design. GRIN-Verlag GmbH München.
Dienst, Mi. (2016) THE ORIGIN OF BIOLOGICAL COMPLEX GEAR, Design Intent regarding Surfboard fins with "Intelligent Mechanics, i-mech". GRIN-Verlag GmbH München.
Dienst, Mi., Mirtsch, F. (2005) Artifizielle adaptive Strömungskörper nach dem Vorbild der Natur.
Forschungsbericht 30042005 . Kinematiken und Gestaltungsprinzip. Forschungsberichte 2005 der Technischen Fachhochschule Berlin.

Natürlich versuche ich, synthetische Wirbelformationen ausreichend abstrakt zu entwickeln; dennoch hielt ich es an dieser Stelle für vorteilhaft, Wirbelmodelle mit einer realen Dimensionierung auszustatten, mit der Frage: Welche Größenordnung haben wir bei der Beobachtung real schwimmender Wesen – in unserem Falle Forellen – zu erwarten?

Wir werden sie nicht befriedigend beantworten, dennoch muss die Frage prinzipiell geklärt werden. Der Laborwirbel CIRCE determiniert reale Koordinaten. Wirbel, die wir in der Natur vorfinden sind ihren Eigenschaften nach skaleninvariant. Ein erster Ansatz über das Schwimmvermögen der Forelle liefert den Radius für das spiralige Modell. Die Reisegeschwindigkeit der Forelle beträgt bis 10 m/s in einer freien Strömung. Die gemittelte Fließgeschwindigkeit beträgt nur ein Bruchteil davon. Untersuchungen im realen Feld legen den Schluss nahe, dass „energetisch verwertbare" Wirbelstrukturen von ihrer Größenordnung her oberhalb der signifikanten Abmessung der Pektoralflosse (L=0.03[m]) aber unterhalb der Gesamtlänge, etwa einer Forelle (L=0.3[m]) rangieren. Andere Salmoniden[12] haben eine Körperlänge von 12 [cm] bis zu 1.5 [m]. Gelegentlich liest man, dass Wirbel und so genannte Rückströmgebiete auch bei Wildwasserkajaks eine Rolle spielen. Das olympische Kajak C2[13] ist 5 [m] lang.

Diesem breiten Band trägt die Definition des Laborwirbels CIRCE aus rein praktischen Motiven, Rechnung. Sind wir erst im Besitz eines synthetischen Modells, werden die prinzipiellen Untersuchungen auch die Aussicht bieten, universelle Aussagen zu liefern. Die wenig formelle Herangehensweise in dieser Sache, möchte ich mit genau jener Erwartung rechtfertigen; das mag unwissenschaftlich sein.

<u>Definition Laborwirbel</u>   **CIRCE**[Ra,f,n,k,][<u>c</u>][<u>t</u>][p]

Ra[m]	Außen-Radius des konzentrischen Modells
f [pph]	Bereichsteilung [1<f<100] Ri = f Ra/100 des Modells
n	Anzahl konzentrischer Teil-Systeme n=T/2 im Modell
k	Dichte Gradient [0<k<1] des Modells.
<u>c</u>	Vektor Kalibrierung des Modells {cx,cy,cz} (Zentrum, optional)
<u>t</u>	Vektor Transformationsvorschrift {a0,a1,b0,b1,..} (optional)
<u>p</u>	Vektor des Transformationspols {tx,ty,tz} (optional)

---

[12] Die Familie der Salmoniden umfasst zahlreiche Gattungen und Arten wie Lachse, Forellen, Renken, Äschen.
[13] Wildwasserrennsport (auch Wildwasser-Abfahrt, Kanu-Abfahrt) ist eine Wettkampfdisziplin des Kanusports.

Die Implementation des CIRCE-Modells erfolgt in der C-basierten Interpreter-sprache MATLAB, beziehungsweise ihrem Derivat SciLab[14]. Ich benutze in diesem Aufsatz die Version scilab-6.1.1-(64-bit); der im Anhang dargelegte Code ist in dieser Version lauffähig. Für die Einbindung in zeitbasierte Programmum-gebungen und/oder transiente Simulationen ist die Implementation in Compiler basierte Sprachen vorteilhaft. Es ist ferner davon auszugehen, dass zukünftige Untersuchungen mit CIRCE-Modellen von deren geometrischen Wandelbarkeit motiviert sind. Konforme Abbildungen oder spezifische Transformationen werden prinzipiell dem (numerischen) Erzeugendensystem nachgestellt. Ausgabeparameter sind in dem hier dargestellten Berechnungsprogramm die zu drei Vektoren geordneten lokalen Koordinaten [X,Y,Z] eines [bdim] dimensi-onalen Polygons. Die Radien [Ri, Ra] benennen das konzentrische Gebiet des Wirbelmodells, [T] die paarweise Gänigkeit und der Gradient [0<kapa<1] trägt der Definition der parabolischen Form der Fermat'schen Spirale (kapa=0.5) Rechnung.

<u>Funktionsaufruf</u> für das ebene CIRCE-Modell im Strömungsraum.

X, Y, Z	Lokale Koordinaten des Polygons P(X,Y,Z) im Strömungsraum.
Ri	Innenradius des konzentrischen Gebiets
Ra	Außenradius, dto.
bdim	Dimension Koordinatenvektor (für ein konzentrisches Polynom)
T	Teilung. T=2n konzentrische Teil-Systeme
k, kapa	Gradient [0<k<1], Definition der Fermat'schen Spirale: k=0.5.
xc, yc, zc	Ursprungs-Koordinaten des Polygons P(X,Y,Z) im Strömungsraum

[X, Y, Z]=nCIRCE(Ra, Ri, bdim, T, kapa, xc, yc, zc);

In der nachfolgenden Versuchsreihe werden wir unterschiedlich avisierten Wirbelmodellen begegnen. Ihnen ist gemein, dass sie synthetischer Natur sind und in keiner Weise real, denn in der Realität und in der beobachtbaren Natur kommen die hier dargestellten Wirbelformen nicht vor. Aber wir besitzen ein Bild ihrer Anmutung, aus der wieder und wieder betrachteten Natur; besser gesagt: wir besitzen viele Bilder ihrer Anmutung. Dies ersetzt natürlich das Reale nicht. Es waren insbesondere die Sichtung vieler realer Wirbelformationen und ihrer Abbilder, die motivierte, ein möglichst einfaches Modell CIRCE zu entwerfen; ein Modell, das die verschiedene spiralige Formen respektiert, aber einen gemeinsamen Kern vorschreibt.

---

[14] Scilab is a free and open-source, cross-platform numerical computational package and a high-level, numerically oriented programming language.

Variationen des Modells CIRCE (Abb.6)				
		R(innen)	50	
		R(aussen)	100	
		Teilung	2	
		Gradient	1	
		Dimension	200	
		R(innen)	50	
		R(aussen)	100	
		Teilung	4	
		Gradient	1	
		Dimension	400	
		R(innen)	80	
		R(aussen)	100	
		Teilung	2	
		Gradient	1	
		Dimension	200	
		R(innen)	80	
		R(aussen)	100	
		Teilung	4	
		Gradient	1	
		Dimension	400	
		R(innen)	80	
		R(aussen)	100	
		Teilung	6	
		Gradient	1	
		Dimension	600	

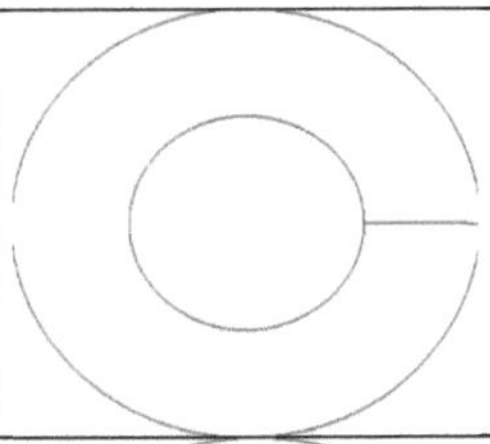

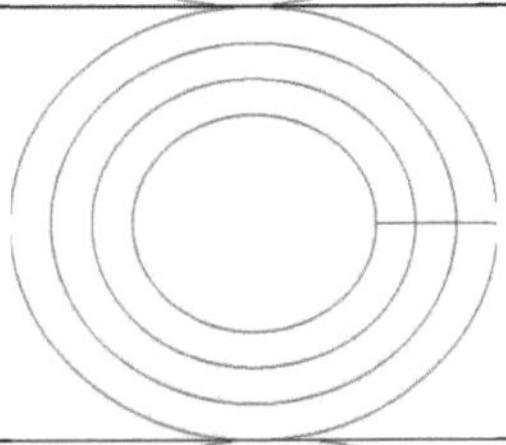

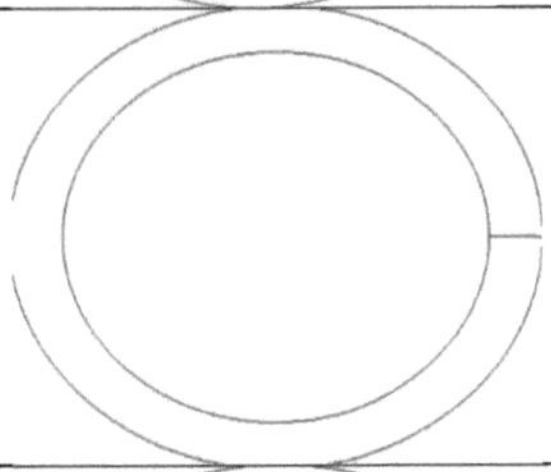

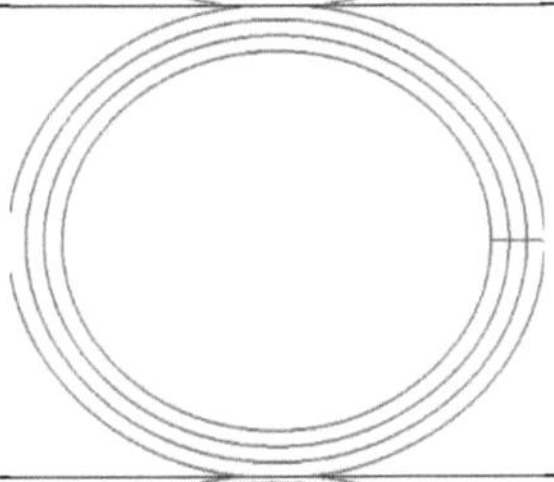

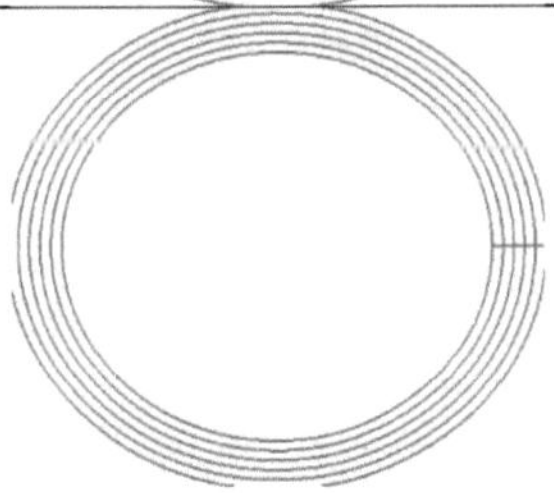

Variationen des Modells CIRCE (Abb.7)		
	R(innen)	10
	R(aussen)	100
	Teilung	6
	Gradient	1
	Dimension	600
	R(innen)	10
	R(aussen)	100
	Teilung	10
	Gradient	1
	Dimension	1000
	R(innen)	10
	R(aussen)	100
	Teilung	20
	Gradient	1
	Dimension	2000
	R(innen)	90
	R(aussen)	100
	Teilung	6
	Gradient	0.5
	Dimension	600
	R(innen)	80
	R(aussen)	100
	Teilung	6
	Gradient	0.5
	Dimension	600

Wandelbarkeit

Das Konzept der affinen Abbildung beinhaltet mindestens eine Skalierung, eine Verschiebung und eine Drehung. Des Weiteren sind Spiegelung, Achsenaffinität (Scherung, Schrägspiegelung), zentrale Affinität (Drehstreckung) und die rapportierte Ausführung mehrerer Affinitäten konventionelle Transformationsoperationen zulässig; sofern man an der mathematischen Grundkonstruktion festhält. In der Ebene seien die Koordinaten des Motivs [x, y], die Transformierten [x_t y_t], die Koordinate eines beliebigen Koordinatenursprungs der Transformation [x_0 y_0]. Die Transformationsmatrix für eine Rotation um α und die Skalierung s:

$$\begin{bmatrix} x_t \\ y_t \end{bmatrix} = \begin{bmatrix} x - x0 \\ y - y0 \end{bmatrix} \; s \begin{bmatrix} \cos\alpha & \sin\alpha \\ -\sin\alpha & \cos\alpha \end{bmatrix}$$

Die Separation der Lösung liefert die Gleichungen:

$$x_t = (\; s\cos\alpha)\, x + (s\sin\alpha)\, y - s\,(x_0\cos\alpha + y_0\sin\alpha)$$
$$y_t = (\; -s\sin\alpha)\, x + (s\cos\alpha)\, y + s\,(x_0\sin\alpha - y_0\cos\alpha)$$

$$\begin{bmatrix} x_t \\ y_t \end{bmatrix} = \begin{bmatrix} x \\ y \end{bmatrix} \; \Sigma\, s_{0j} \begin{bmatrix} s_{11} & s_{12} \\ s_{21} & s_{22} \end{bmatrix}_j$$

Das Konzept der affinen Abbildung liefert nach einer Separation der Lösungen ein zwei-dimensionales Gleichungssystem mit gemischten Termen. In der linearen Algebra ist die affine Transformation eine Abbildung zwischen zwei (affinen) Räumen bei der Ko-Linearität, und Skalierung erhalten bleiben. In der Praxis der Bild- und Musterverarbeitung ist das mathematisch „reine" Konzept aber nicht immer zielführend. Einen frühen und sehr sympathischen Abweg vom tugendreichen Pfad finden wir in der Theorie der Transformation D'Arcy Wentworth Thompsons (1907)[15]. So etwa stelle ich mir eine pragmatische

---

[15] **D'Arcy Wentworth Thompson** (* 2. Mai 1860 in Edinburgh; † 21. Juni 1948 in St Andrews) war ein britischer Mathematiker und Biologe. Thompson wird häufig der „erste Biomathematiker" genannt. Sein Ruhm gründet sich auf das Buch „On Growth and Form", dessen erste Auflage 1917 erschien (deutsch „Über Wachstum und Form").

Variation von Muster und Gestalt vor. Zunächst suchen wir nach Lösungen die von einem fest vereinbartem Koordinatenursprung $[x_0\ y_0]$ unabhängig sind und ersetzen diese durch eine (freie) Koordinate $[a_0\ b_0]$; die trigonometrischen Funktionen mit den Argumenten α liefern unabhängig von der Tatsache, dass es sich in unserer Anschauung um eine Rotation um einen Punkt $[x_0\ y_0]$ bez. des Koordinatenursprungs handelt, immer konstante Werte zwischen $[-1..1]$, so dass sie unabhängig ihres trigonometrischen Ursprungs für eine verallgemeinernde Transformationsvorschrift formalisiert werden können. Der Skalenfaktor s impliziert die Schar neuer Variablen in einem Konzept kaskadierter Matrizen. Wir entfernen uns nun einen weiteren Schritt vom formalen Kalkül der affinen Abbildung tradierter Transformationen, eingedenk der Tatsache, auch hier im Einklang mit den Ideen Thompsons hinsichtlich einer performanten Koordinatentransformationen zu handeln und nehmen die etwas kompliziertere Form einer Funktionenmatrize in unsere Überlegungen auf.

$$\begin{bmatrix} x_t \\ y_t \end{bmatrix} = \begin{bmatrix} x \\ y \end{bmatrix} \quad \sum s_{0j} \begin{bmatrix} F_{11} & F_{12} \\ F_{21} & F_{22} \end{bmatrix}_j$$

Die Matrizenelemente sind nunmehr Funktionen einer oder beider Koordinaten x und y, also: $F_{ik}=F(x,y)$. Auf diese Weise wachsen uns neue Freiheiten bei der Konstruktion geeigneter Transformationsverfahren zu. Mit der Funktionenmatrize gewinnen wir bei den Affin-Puristen unter den Mathematikern wahrscheinlich keine neuen Freunde, finden uns aber dennoch in prominenter Gesellschaft wieder. In der Theorie D'Arcy Wentworth Thompsons lesen wir zu diesem Aspekt:

We treated our original complex curve or projection of the tapier's toe as a function of the form $F(x, y) = 0$. The figure of the tapier's lateral toe is a precisely identical function of the form $F(e^x, y_1) = 0$, where x_1, y_1 are oblique coordinate axes inclined to one another at an angle of 50°. "THE THEORIE OF TRANSFORMATIONS", S. 1054[16].

---

[16] **On Growth and Form** is a book by the Scottish mathematical biologist D'Arcy Wentworth Thompson (1860–1948). The book is long – 793 pages in the first edition of 1917, 1116 pages in the second edition of 1942. D'Arcy Wentworth Thompson's most famous work, *On Growth and Form* was written in Dundee, mostly in 1915, but publication was put off until 1917 because of the delays of wartime and Thompson's many late alterations to the text. The central theme of the book is that biologists of its author's day overemphasized evolution as the fundamental determinant of the form and structure of living organisms, and underemphasized the roles of physical laws and mechanics.
https://en.wikipedia.org/wiki/On_Growth_and_Form

Die Separation der Lösungen für die Transformationen aus kaskadieten Matrizen führen auf ein Gleichungssystem für die Koordinaten (x, y) in der Ebene. Um den Lösungsansatz für eine Transformation mit „freien" Variablen nicht unnötig zu verkomplizieren wählen für einen ersten Hub nur Relationen zweiter Ordnung. Der binominale Ansatz entfesselt die Koordinatentransformation kontrolliert. Er entfernt sich jedoch weiter von einer durchaus wünschenswerten Vorstellung affiner Transformationen. Wir wollen diesen Weg an dieser Stelle dennoch einschlagen. Die transformierten ebenen Koordinaten $[x_t \ y_t]$ schreiben wir in einem Ansatz zweiter Ordnung:

$$x_t = a_0 + a_1 x + a_2 x^2 + a_3 xy + a_4 y^2$$
$$y_t = b_0 + b_1 y + b_2 y^2 + b_3 yx + b_4 x^2$$

Die Koeffizienten a_n, b_n sind nun einer Konditionierung auf ein zwei-dimensionales geometrisches Zielproblem mit 2n Unbekannten zugänglich. Die zehn Koeffizienten $[a_0, a_1, a_2, a_3, a_4, b_0, b_1, b_2, b_3, b_4]$ sind nun die Parameter einer Konditionierung für eine Zielfunktion.

Ich möchte an dieser Stelle lediglich den Code einer konformen Transformation aufschreiben aber ihre Kondition und das Deklarieren der Koeffizienten bewusst offen lassen. Während der Ausentwicklung traten zwei Varianten für kaskadierte Transformationen hervor. Eine, der Theorie Thompsons folgende, recht aufwändige Variante, die trigonometrische Anteile enthält und determiniert und eine sinudiale Transformation, die eine von Einfachheit getragene Eleganz besitzt. Ich wende die Transformationen zuerst auf eine CIRCE-Konfiguration mit (6) Teilungen (Thompson) und dann auf eine Form mit (8) Teilungen (sinudiale Form) an. Der angeführte Code erklärt sich selbst.

Determinierung Procedure:	[X, Y, Z]=nCIRCE(Ra, Ri, bdim, T, kapa, xc, yc, zc);			
	Lokale DIM	100	Gen. DIM	600
	R(innen) [m 10^{-3}]	50.0	Xcenter [m 10^{-3}]	100.0
	R(aussen) [m 10^{-3}]	100.0	Ycenter [m 10^{-3}]	100.0
	T Teilung	6 (8)	Zcenter [m 10^{-3}]	0.0
	K Gradient	1.0		
	Putpath: "C:\Users\Micha\Desktop\LCO_Data\LCO_CIRCE_50to100_T6_dim100.txt"			
	..und: "C:\Users\Micha\Desktop\LCO_Data\LCO_CIRCE_50to100_T8_dim100.txt"			

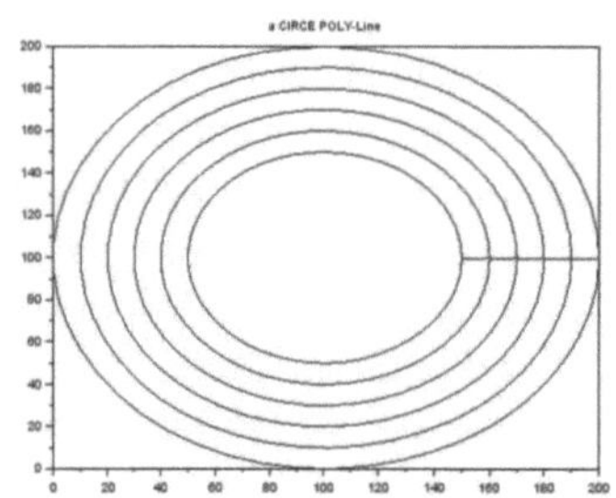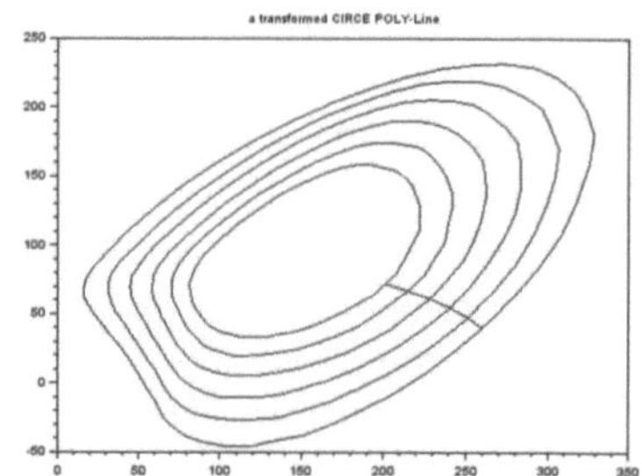

Abb.8: Realisierung einer CIRCE-Form mit der Teilung (6) nach Maßgabe der Definition des Laborwirbels CIRCE[Ra,f,n,k,][c][t] (links) Deformation nach einer konformen Transformation vom D'Arcy Thompson-Typ (rechts).

```
// ############################### Transform ###############################
a0= 0.0;  a1=0.0;  a2=-0.20;    a3=0.50;  a4=0.2;       a5=10.10;  a6=10.0;  a7=0.0;
b0= 0.0;  b1=0.0;  b2=-0.100;   b3=0.40;  b4=-0.30;     b5=10.10;  b6=10.0;  b7=0.0;

neuX = aX + f*a0*+ f*a1*aX + f*a2*aX*aX  + f*a3*aX*aY + f*a4*aY*aY   + f*a5*cos(f*a6*aX/3.14) ;
neuY = aY + f*b0*+ f*b1*aY + f*b2*aY*aY  + f*b3*aX*aY + f*b4*aX*aX   + f*b5*cos(f*b6*aY/3.14) ;
neuZ = aZ;
```

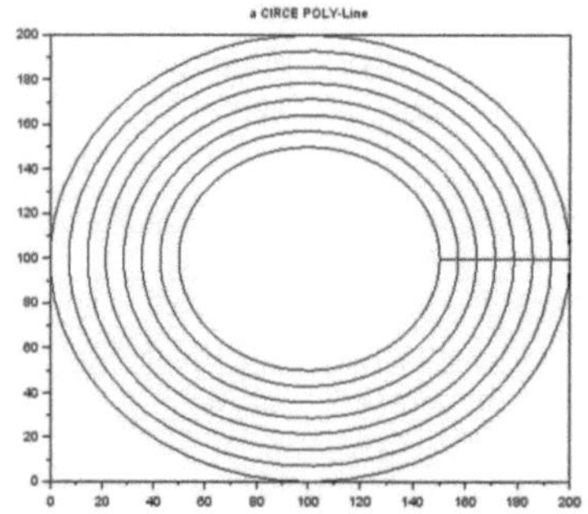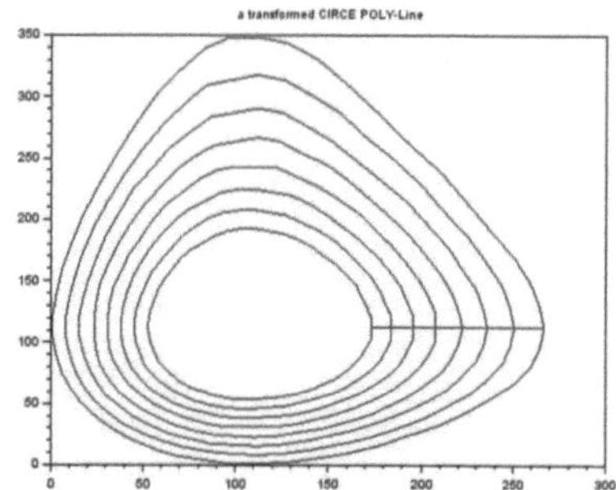

Abb.9: Realisierung einer CIRCE-Form mit der Teilung (8) nach Maßgabe der Definition des Laborwirbels CIRCE[Ra,f,n,k,][c][t] (links) Deformation nach einer konformen Transformation vom Sinudialen-Typ (rechts).

```
// ############################# Transform #############################
    a0= 0.0;  a1=2.10;
    b0= 0.0;  b1=2.50;
```

```
neuX = aX + f*a0+ exp(f*a1*aX);
neuY = aY + f*b0+ exp(f*b1*aY);
neuZ = aZ;
```

Für die Deklaration des CIRCE Labor-Wirbel nehmen wir die Koeffizienten der sinudialen Form (SINU) als festen Bestandteil mit auf. Der Matrizenansatz nach D'Arcy Thompson (DARCY) bleibt erweiternde Option. Die Transformationen DARCY und SINU sind polarisiert, das bedeutet, dass das Zentrum des Erzeugndensystems des Modells CIRCE mit dem Transformationspol nicht übereinstimmt.

Der nachstehende Funktionenaufruf mutet ein wenig kompliziert und überfrachtet an, bietet aber den Vorteil für gegebenenfalls anstehende Einbindungen in einen umgebenden Code vorteilhaft zu sein. So war es zumindest in der oben angeführten Reihenuntersuchung der Fall.

Funktionsaufruf für das ebene CIRCE-Modell im Strömungsraum.

X, Y, Z   Lokale Koordinaten des Polygons P(X,Y,Z) im Strömungsraum
Ri [m]   Innenradius des konzentrischen Gebiets
Ra [m]   Außenradius, dto.
dim   Dimension des Koordinatenvektors (für konzentrisches Polynom)
Tile   Teilung. T=2n konzentrische Teil-Systeme
kapa   Gradient [$0<\kappa<1$], Definition der Fermat'schen Spirale: k=0.5.
c: xc, yc, zc (Vector) Ursprungs-Koordinaten c des Polygons P(X,Y,Z)
p(xyz)   (Vektor) Transformationspol.
t: a, b   (Vector) Transformationskoeffizienten t.

[X, Y, Z]=nCIRCE(Ra,Ri, dim, Tile, kapa, t,c,p);

Resume

In der Natur begegnen wir Wirbeln und der Lundgren-Form. Aber: Wir begegnen dem CIRCE-Wirbel nicht! Darüber hinaus: In der Natur begegnen wir dem Impulsaustausch des (biologischen) Wesens, seinem Energiegebaren, seinem Wechselwirkungsgeschehen mit dem umgebenden Fluid, aber wir verstehen es nicht; noch nicht. Ein theoretisches Modell mag uns den Weg! erhellen. Heute jedoch erfahren wir nur Stückwerk. Das liegt in der Natur? der Sache. Der Labor-Wirbel CIRCE ist genau das: ein Modell. Ein Abstraktes, theoretisches Werkzeug.

Zu erwähnen bleibt, dass CIRCE keineswegs ein „einzigartiges" Modell der Lundgren-Form darstellt. Hinter der Brillanz des von Krasny[17] (1986) vorge-schlagenen Erzeugendensystems eines Lundgren-Wirbels bleibt das Modell CIRCE natürlich zurück. Der aus der Potentialtheorie (aperiodischer) Ober-flächenwellen stammende Ansatz ist universell, erscheint in seiner numerischen Umsetzbarkeit kritisch, weil er zeitbasierte Anteile enthält, die zu einer ganzen Schar von Rand- und Nebenbedingungen zwingt[18]. Krasny schreibt, dass die zeitlich variante Geometrie dieses Wirbels „evolviert". Vielleicht war revolve (eindrehen) gemeint? Wir wissen es nicht. Das Differentialgleichungssystem fordert als letztendliche Konsequenz, dass man den Entstehungsprozess an geeigneter Stelle unterbrechen muss, um einer Entartung (geometrisch aufgeladener) Formen zu entgehen. Wir werden an anderer Stelle den Gedanken Krasnys nachgehen, auch deshalb, weil die (friktionsfreie) Potentialtheorie über ein Strömungsfeld einer Untersuchung mit Computational Fluid Dynamics (CFD) basierten Simulationen einen großen Geschwindigkeitsvorteil (1000:1) besitzt, und daher für Echtzeit-Simulationen eine Alternative ist.
Zukünftige Untersuchungen realer Strömungen werden immer und immer wieder die Unterscheidung von Realität und Wirklichkeit fordern. Wirklichkeit erscheint im Sinne von physikalischer Wechselwirklichkeit. In dieser Sichtweise ist das Wirbelmodell CIRCE als eine Option, diese Realität durch eine synthetische Wechselwirklichkeit beschreibbar zu machen. Ein Werkzeu. Aber auch nicht mehr.

Mi. Felgenhauer Berlin.

---

[17] Krasny, R. (1986) Desingularization of Periodic Vortex Sheet Roll-up.
[18] Felgenhauer, Mi. (2019) Modell kleiner aperiodischer Wellen. Zur Strömungswirklichkeit synthetischer Wasserwellen. GRIN-Verlag GmbH München.

BIBLIOGRAPHIE, Quellen und weiterführende Literatur

[Abbo-59] Ira H. Abbott, Albert E. von Doenhoff: Theory of Wing Sections: Including a Summary of Airfoil Data.
Dover Publications, New York 1959.

[BaNe-98] Barthlott, W.; Neinhuis, C.: Lotusblumen und Autolacke – Ultrastruktur pflanzlicher Grenzflächen und biomimetische unverschmutzbare Werkstoffe. Biona Report 12, Schriftenreihe der Wissenschaften und der Literatur, Mainz. Gustav Fischer-Verlag, Stuttgart 1998.

[Bann-02] Bannasch, Rudolph. Vorbild Natur. In: design report 9/02, S.20ff. Blue. C Verlag Stuttgart: 2002.

[Bapp-99] Bappert, R. Bionik, Zukunftstechnik lernt von der Natur. SiemensForum München/Berlin und Landesmuseum für Technik und Arbeit in Mannheim (Herausgeber): 1999

[Bech-93] Bechert, D.W.: Verminderung des Strömungswiderstandes durch bionische Oberflächen. In: VDI-Technologieanalyse Bionik, S. 74 – 77. VDI-Technologie-zentrum Düsseldorf 1993.

[Bech-97] Bechert, D.W., Biological Surfaces and their Technological Application. 28th AIAA Fluid Dynamics Conference: 1997

[Cal-84] Calder, W.A. (1984) Size, Function and Life History. Harvard University Press. Cambridge 431pp.

[Curb01] Manfred Curbach, Harald Michler, Holger Flederer, Dirk Proske Anwendung von Quasi-Zufallszahlen bei der Simulation unter ANSYS
19th CAD-FEM Users' Meeting 2001 October 17-19, 2001
International Congress on FEM Technology. Berlin, Potsdam.

[Dar-17]D'Arcy Thompson, Wentworth (1917) On Growth and Form. Cambridge, The University Press.
[Dar-06]D'Arcy Thompson, Wentworth (2006) Über Wachstum und Form, Eichborn Verlag, Frankfurt am Main und Birkhäuser Verlag Basel (1973) ISBN 3-8218-4568-6

[Die 18-2] Dienst, Mi. (2018) DARCY Transformation. Einige Gedanken zu D'ARCY THOMPSONS THEORIE OF TRANSFORMATION. GRIN-Verlag GmbH München, ISBN(e-Book): 9783668621053, ISBN(Buch): 9783668495197

[Die 16-9] Dienst, Mi. (2016) THE ORIGIN OF BIOLOGICAL COMPLEX GEAR, Design Intent regarding Surfboard fins with "Intelligent Mechanics, i-mech". GRIN-Verlag GmbH München, ISBN(e-Book): 9783668264779, ISBN(Buch): 9783668264786

[Die15-7]   Dienst, Mi. (2015) Dossier über die Forschung der BIONIC RESEARCH UNIT der Beuth Hochschule für Technik Berlin, GRIN-Verlag GmbH München,
ISBN (e-Book): 978-3-668-02183-9, ISBN (Buch) 978-3-668-02184-6.

[Die15-2]   Dienst, Mi. (2015). Das nichtorthodoxe Beaufschlagungs-Bewegungsgebaren von Fischflossen. Intelligent Mechanics in Nature and Design. GRIN-Verlag GmbH München, ISBN (eBook): 978-3-656-87544-4, ISBN (Buch): 978-3-656-87545-1.

[Die13-3]   Dienst, Mi.(2013) Reihenuntersuchung zu Profilkonturen für Leit- und Steuerflächen von Seefahrzeugen. Datenreihe ERpL2050. GRIN-Verlag GmbH München, ISBN 978-3-656-47215-5

[Die11-4]   Dienst, Mi.(2011) Methoden in der Bionik. Die Reynoldsbasierte Fluidische Fitness. GRIN-Verlag GmbH München.

[Die09-4]   Dienst, Mi.(2009) PhysicalModellingdrivenBionics. GRIN-Verlag München.

[Die05-2]   Dienst, Mi., Mirtsch, F. (2005) Artifizielle adaptive Strömungskörper nach dem Vorbild der Natur. Forschungsbericht 30042005 . Kinematiken und Gestaltungsprinzip. Forschungsberichte 2005 der Technischen Fachhochschule Berlin.

 [DUB-95] Dubbel, Handbuch des Maschinenbaus, Springer Verlag Berlin, 15.Auflage 1995.

[Eppl-90]   Richard Eppler: Airfoil Design and Data. Springer, Berlin, New York 1990.

[Fel-18]   Felgenhauer, Mi. (2018) Adaptiv Transformations, "I'll have what D'Arcy's having" Grin Verlag München. KNr.: V425065 ISBN (eBook): 9783668702127, ISBN (Buch) 9783668702134

[Fel-20]   Felgenhauer, M. (2020) Die Verteilung von Induktions-wirkungen Lagrange Kohärenter Objekte. Zur Topographie und Kondition von Geschwindigkeits-feldern. GRIN Verlag, München. ISBN 9783346142146

[Fel - 19-2] Felgenhauer, Mi. (2019) BIONIK UND DIGITALE BILD-VERARBEITUNG Laterale Inhibition und Aktivierung. Grin Verlag München, ISBN(e-Book) 9783668874541, ISBN(Buch): 9783668874558

[Fel -19-1] Felgenhauer, Mi. (2019) MATRIZENVERFAHREN ZUR DIGITALEN BILDVERARBEITUNG. Facettenaugen als Vorbild schneller Algorithmen in der Bildsynthese. Grin Verlag München

[Fel 20-3]   Felgenhauer, Mi. (2020). Synthetische Lundgren-Wirbel und Lagrange Kohärente Objekte. GRIN-Verlag GmbH München, ISBN(e-Book): 9783346276841, ISBN (Buch): 9783346276858, VNR:

V922760

[Fel 20-2]   Felgenhauer, Mi. (2020) Artifizielle Lagrange Kohärente Strukturen. About artificial Lagrangian Coherent Structures. GRIN-Verlag GmbH München, PDF-Version, ISBN: 9783346285904, ISBN (Buch): 9783346285911 Katalognummer. v913092

[Fli-02]   Flindt, R. (2002) Biologie in Zahlen Berlin: Spektrum Akademischer Verl.

[Fren-94]   French, M.: Invention and Evolution: design in nature and engineering. Cambridge University Press. Cambridge 1994.

[Fren-99]   French, M.: Conceptual Design for Engineers. Berlin, Heidelberg, New York, London, Paris, Tokio: Springer: 1999

[Gel-10]   Produktinformation, 05 2010, GELITA 69412 Eberbach. www.gelita.com

[Guen-98] Günther, B., Morgado, E. (1998) Dimensional analysis and allometric equations concerning Cope's rule.RevistaChilena de Historia Natural 71: 1989

[Gör-75]   Görtler, H. Diemensionsanalyse. Berlin Springer 1975

[Gorr-17]   Edgar Gorrell, S. Martin: Aerofoils and Aerofoil Structural Combinations. In: NACA Technical Report. Nr. 18, 1917.

[Guen-66] Günther, B., Leon, B. (1966) Theorie of biological Similarities, nondimensional Parameters and invariant Numbers. Bulletin ofMathematicalBiophysics Volume 28, 1966.

[Gutm-89] Gutmann, W.: Die Evolution hydraulischer Konstruktionen. Verlag W. Kramer: Frankfurt am Main, 1989.

[Hal-10]   G. Haller. (2010) A variational theory of hyperbolic Lagrangian Coherent Structures. Physica D: Nonlinear Phenomena,240(7):574–598,2010.

[Hal-00]   G. Haller, G.Yuan Lagrangian coherent structures and mixing intwo-dimensional turbulence, Division of Applied Mathematics, Lefschetz Center for Dynamical Systems, Brown University, Providence, RI 02912, USA Received 11 February 2000;

[Hüt-07]   Hütte, 2007, 33. Auflage, Springer Verlag. S.E147

[Hux-32]   Huxley, J.S. (1932) Problems of relative Growth. London: Methuen.

[Kar-35]   Karman von,T. Burgess J.M. (1935) General aerodynamic theory: perfect fluids, In *Aerodynamic Theory* vol. II (cd. W. F. Durand), p. 308. Leipzig: Springer Verlag.

[Katz-01]   Joseph Katz, Allen Plotkin (2001) Low-Speed Aerodynamics (Cambridge Aerospace Series) Cambridge University Press; 2 edition (February 5, 2001)

[Kra-86] Krasny, R. (1986) Desingularization of Periodic Vortex Sheet Roll-up. Courant Instirute oJ' Mathematical Sciences, New York Unioersity, 251Mercer Street, Nen, York, New York 10012, received November 15, 1981; revised July 25, 1985

[Kra 91]   Krasny, R. (1991) Vortex Sheet Computations: Roll-Up, Wakes, Separation. In: Lectures in Applled Mathematics, Vol.: 28. (1991)

[Liao-03]   Liao, J.C.; Beal, D.; Lauder, G.; Triantayllou, M. Fish Exploting Vortices Decrease Muscle Activty.In: Science 2003, S. 1566-1569. AAAS. 2003.

[Lech-14] Lecheler, S. (2014) Numerische Strömungsberechnung Springer Verlag Berlin Heidelberg. ISBN 978-3-658-05201-0

[Lun-82]T. S. Lundgren, T.S. (1982) Strained spiral vortex model for turbulent fine structure, The Physics of Fluids 25, 2193 (1982); https://doi.org/10.1063/1.863957

[Matt-97] Mattheck, C.: Design in der Natur. RombachVerlag. Freiburg 1997.

[Man 87]   Mandelbrot, B.B. (1987) Die fraktale Geometrie der Natur. Birkhäuser Verlag. Basel, Boston, Berlin

[Mial-05]   B. Mialon, M. Hepperle: "Flying Wing Aerodynamics Studies at ONERA and DLR", CEAS/KATnet Conference on Key Aerodynamic Technologies, 20.-22. Juni 2005, Bremen.

[Mef-04] Meffert, B., Hochmut, O. (2004) Werkzeuge der Signalverarbeitung. Pearson-Studium, München.

[Mof-84] Moffatt, K.H. (1984) Simple topological aspects of turbulent vorticity dynamics In: Turbulence and Chaotic Phenomena in Fluids, ed. T. Tatsumi (Elsevier) 223-230.

[Nac-01]   Nachtigall, W. (2001) Biomechanik. Braunschweig: Vieweg Verlag.

[Nach-98] Nachtigall, W. : Bionik – Grundlagen und Beispiele für Ingenieure und Naturwissenschaftler. Springer-Verlag, Berlin-Heidelberg-New York 1998.

[Nach-00] Nachtigall, Werner; Blüchel, Kurt. Das große Buch der Bionik. Stuttgart: Deutsche Verlags Anstalt: 2000.

[Oert-11] Oerteljr., H., Böhle, M., Reviol, Th. (2011) Strömungsmechanik, Grundlagen.Springer Verlag Berlin Heidelberg. ISBN 978-3-8348-8110-6

[Ost-97] Ostermeier, A. (1997) Schrittweitenadaptation in der Evolutionsstrategie mit einem entstochastisierten Ansatz. Diss. Technische Universität Berlin 1997.

[PaBe-93] Pahl. G.; Beitz, W.: Konstruktionslehre, 3.Auflage. Berlin-Heidelberg-New York-London-Paris-Tokio: Springer 1993

[Pei 88] Peitgen, H.O. (1988) Fraktale: Computerexperimente entzaubern komplexe Strukturen. In: 115. Verhandlungen der Gesellschaft Deutscher Naturforscher und Ärzte 17. Bis 20.9 1988. S. 123ff.

[Pflu-96] Pflumm, W. (1996) Biologie der Säugetiere. Berlin: Blackwell Wissenschaftsverlag.

[Rech-94] Rechenberg, Ingo. Evolutionsstrategie'94. Frommann-Holzoog Verlag. Stuttgart: 1994.

[Scha-13] Schade, H. (2013) Strömungslehre. De Gruyter Verlag. ISBN-13: 978-3110292213

[Die 10-5] Siewert, M; Kleinschrodt, H-D; Krebber, B; Dienst, Mi. (2010) FSI- Analyse autoadaptiver Profile für Strömungsleitflächen. In: Tagungsband, ANSYS Conference & 28th CADFEM Users' Meeting Aachen 2010.

[Schü-02] Schütt, P., Schuck, H-J., Stimm, B. (2002) Lexikon der Baum- und Straucharten. Nikol, Hamburg, ISBN 3-933203-53-8

[Sun-16] Sun,P.N., Colagrossi, A. Marrone, S. , Zhang, A.M, (2016) Detection of Lagrangian Coherent Structures in the SPH framework,

College of Shipbuilding Engineering, Harbin Engineering University, Harbin 150001, China; CNR-INSEAN, Marine Technology Research Institute, Rome, Italy; Ecole Centrale Nantes, LHEEA Lab. (UMR CNRS), Nantes, France.

[Tham-08] Siekmann, H.E., Thamsen, P. U. (2008) Strömungslehre Grundlagen, Springer Verlag Berlin Heidelberg. ISBN 978-3-540-73727-8

[Tho-59]   Thompson, D'Arcy, W. (1959) On Growth and Form. London: Cambridge University Press. (Neuauflage der Originalschrift 1907)

[Tho-92]   Thompson, D W., (1992). *On Growth and Form*. Dover reprint of 1942 2nd ed. (1st ed., 1917). ISBN 0-486-67135-6

[Tria-95]   Triantafyllou, M.: Effizienter Flossenantrieb für Schwimmroboter. In: Spektrum der Wissenschaft 08-1995, S. 66–73. Spektrum der Wissenschaft- Verlagsgesellschaft mbH, Heidelberg 1995.

[Tria-87]   Triantafyllou M., Kupfer K., Bers A. (1987) Absolute instabilities and self-sustained oscillations in the wakes of circular cylinders. Physical Review Letters 59, 1914–1917. ADSCrossRefGoogle Scholar

[Tria-91]   Triantafyllou M., Triantafyllou G. S., Gopalskrishnan R. (1991) Wake Mechanics for Thrust Generation in Oscillating Foils, Physics of Fluids A, 3 (12), pp. 2835–2837.ADSCrossRefGoogle Scholar

[Tria-92]   Triantafyllou M., Triantafyllou G. S., Grosenbaugh M. A. (1992) Optimal Thrust Development in Oscillating Foils with Application to Fish Propulsion, Journal of Fluids and Structures (Accepted for Publication)Google Scholar

[Vos-15-2] M. Voß, H.-D. Kleinschrodt, Mi. Dienst: "Experimentelle und numerische Untersuchung der Fluid-Struktur-Interaktion flexibler Tragflügelprofile", Resarch Day 2015 - Stadt der Zukunft Tagungsband - 21.04.2015, Mensch und Buch Verlag Berlin, S. 180- 184, Hrsg.: M. Gross, S. von Klinski, Beuth Hochschule für Technik Berlin, September 2015, ISBN:978-3-86387-595-4.

[Vos-15-1] M. Voss, P.U. Thamsen, H.-D. Kleinschrodt, Mi. Dienst (2015): "Experimeltal and numerical investigation on fluid-structure-interaction of auto-adaptive flexible foils", Conference on Modelling Fluid Flow (CMFF'15), Budapest, Ungarn, 1.-4. September 2015, ISBN (Buch): 978-963-313-190-9.

[Vos-15-2] M. Voss, (2015) Experimentelle und numerische Untersuchung flexibler Tragflügelprofile. Dissertation, Technische Universität Berlin 2015.

[Zie - 72]   Zierep, J. (1972) Ähnlichkeitsgesetze und Modellregeln der Strömungslehre.

Anhang I / Reihenuntersuchung

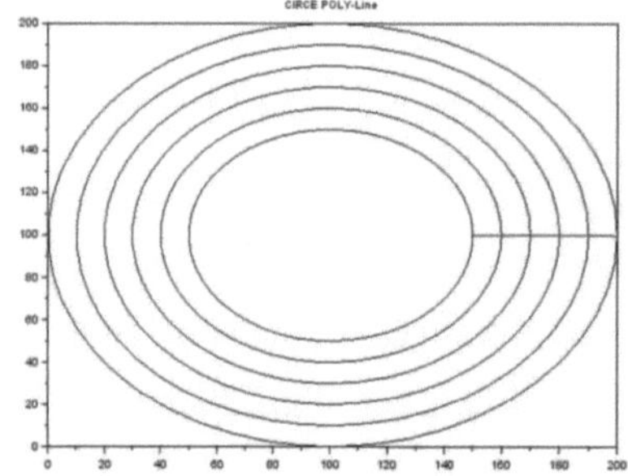

Determinierung Procedure:		[X, Y, Z]=nCIRCE(Ra, Ri, bdim, T, kapa, xc, yc, zc);			
	Lokale DIM	100	Gen. DIM	600	
	R(innen) [m 10⁻³]	50.0	Xcenter [m 10⁻³]	100.0	
	R(aussen) [m 10⁻³]	100.0	Ycenter [m 10⁻³]	100.0	
	T Teilung	6	Zcenter [m 10⁻³]	0.0	
	K Gradient	1.0			
	Putpath: "C:\Users\Micha\Desktop\LCO_Data\LCO_CIRCE_50to100_T6_dim50.txt"				

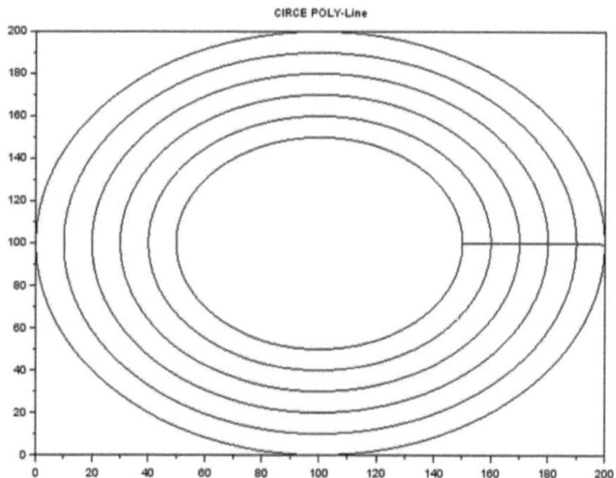

Determinierung Procedure:	[X, Y, Z]=nCIRCE(Ra, Ri, bdim, T, kapa, xc, yc, zc);			
	Lokale DIM	100	Gen. DIM	600
	R(innen) [m 10^{-3}]	50.0	Xcenter [m 10^{-3}]	100.0
	R(aussen) [m 10^{-3}]	100.0	Ycenter [m 10^{-3}]	100.0
	T Teilung		Zcenter [m 10^{-3}]	0.0
	K Gradient	1.0		
	Putpath: "C:\Users\Micha\Desktop\LCO_Data\LCO_CIRCE_50to100_T6_dim100.txt"			

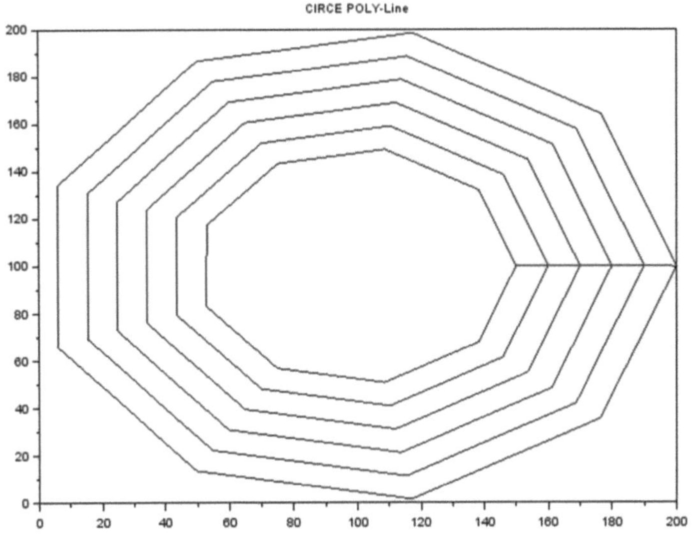

Determinierung Procedure:	[X, Y, Z]=nCIRCE(Ra, Ri, bdim, T, kapa, xc, yc, zc);			
	Lokale DIM	10	Gen. DIM	60
	R(innen) [m 10^{-3}]	50.0	Xcenter [m 10^{-3}]	100.0
	R(aussen) [m 10^{-3}]	100.0	Ycenter [m 10^{-3}]	100.0
	T Teilung	6	Zcenter [m 10^{-3}]	0.0
	K Gradient	1.0		
	Putpath: "C:\Users\Micha\Desktop\LCO_Data\LCO_CIRCE_50to100_T6_dim10.txt"			

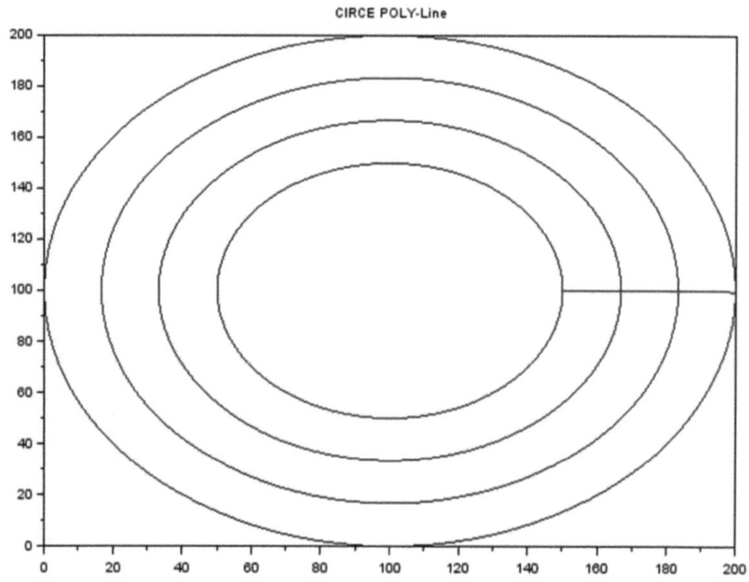

Determinierung Procedure:	[X, Y, Z]=nCIRCE(Ra, Ri, bdim, T, kapa, xc, yc, zc);				
Lokale DIM	100		Gen. DIM	400	
R(innen) [m 10^{-3}]	50.0		Xcenter [m 10^{-3}]	100.0	
R(aussen) [m 10^{-3}]	100.0		Ycenter [m 10^{-3}]	100.0	
T Teilung	4		Zcenter [m 10^{-3}]	0.0	
K Gradient	1.0				
Putpath: "C:\Users\Micha\Desktop\LCO_Data\LCO_CIRCE_50to100_T4_dim100.txt"					

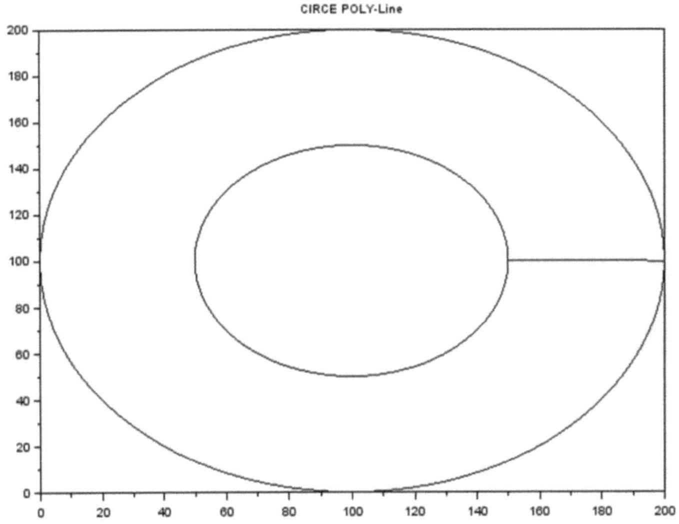

Determinierung Procedure:	[X, Y, Z]=nCIRCE(Ra, Ri, bdim, T, kapa, xc, yc, zc);				
	Lokale DIM	100		Gen. DIM	200
	R(innen) [m 10^{-3}]	50.0		Xcenter [m 10^{-3}]	100.0
	R(aussen) [m 10^{-3}]	100.0		Ycenter [m 10^{-3}]	100.0
	T Teilung	2		Zcenter [m 10^{-3}]	0.0
	K Gradient	1.0			
	Putpath: "C:\Users\Micha\Desktop\LCO_Data\LCO_CIRCE_50to100_T2_dim100.txt"				

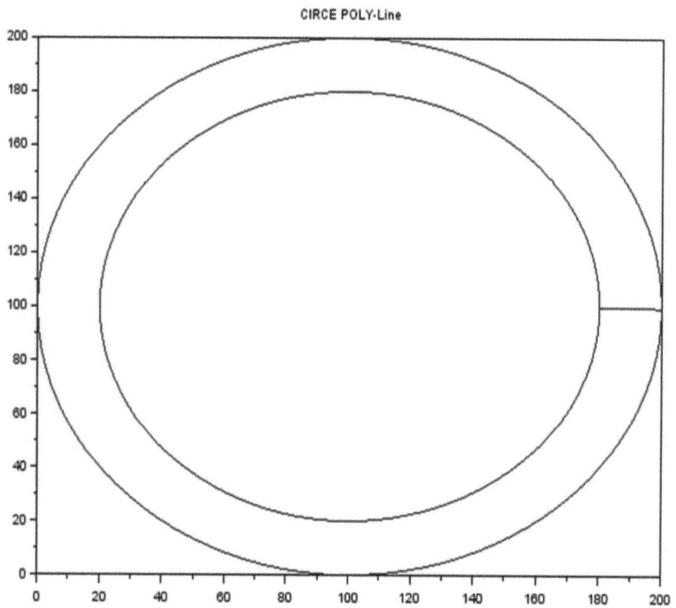

Determinierung Procedure:	[X, Y, Z]=nCIRCE(Ra, Ri, bdim, T, kapa, xc, yc, zc);				
Lokale DIM	100		Gen. DIM	200
R(innen) [m 10^{-3}]	80.0		Xcenter [m 10^{-3}]	100.0
R(aussen) [m 10^{-3}]	100.0		Ycenter [m 10^{-3}]	100.0
T Teilung	2		Zcenter [m 10^{-3}]	0.0
K Gradient	1.0			
Putpath: "C:\Users\Micha\Desktop\LCO_Data\LCO_CIRCE_80to100_T2_dim100.txt"				

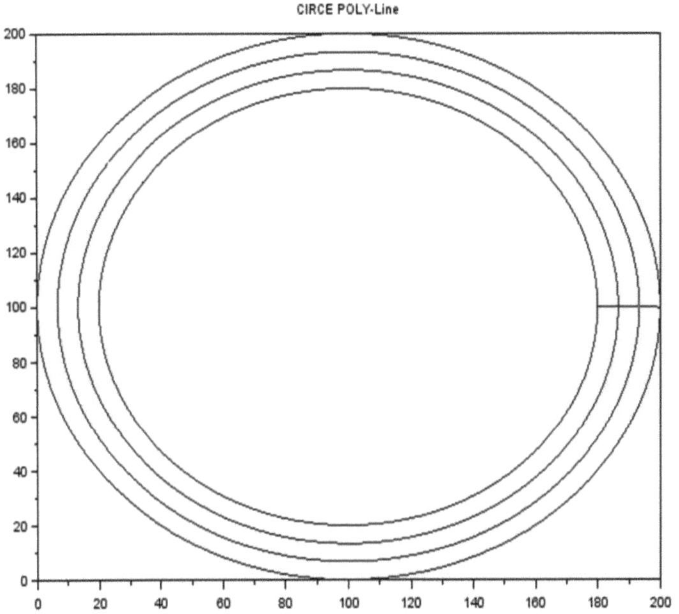

Determinierung Procedure:	[X, Y, Z]=nCIRCE(Ra, Ri, bdim, T, kapa, xc, yc, zc);			
Lokale DIM	100		Gen. DIM	400
R(innen) [m 10^{-3}]	80.0		Xcenter [m 10^{-3}]	100.0
R(aussen) [m 10^{-3}]	100.0		Ycenter [m 10^{-3}]	100.0
T Teilung	4		Zcenter [m 10^{-3}]	0.0
K Gradient	1.0			
Putpath: "C:\Users\Micha\Desktop\LCO_Data\LCO_CIRCE_80to100_T4_dim100.txt"				

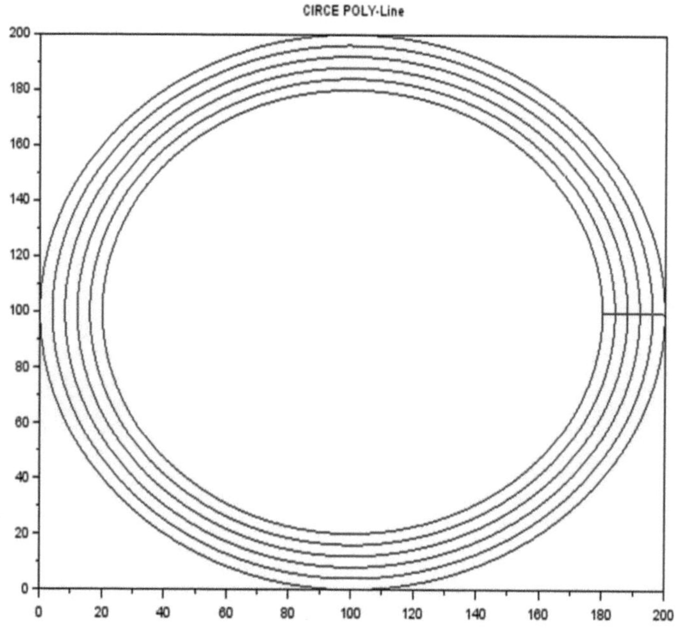

Determinierung Procedure:		[X, Y, Z]=nCIRCE(Ra, Ri, bdim, T, kapa, xc, yc, zc);			
	Lokale DIM	100	Gen. DIM	600	
	R(innen) $[m\ 10^{-3}]$	80.0	Xcenter $[m\ 10^{-3}]$	100.0	
	R(aussen) $[m\ 10^{-3}]$	100.0	Ycenter $[m\ 10^{-3}]$	100.0	
	T Teilung	6	Zcenter $[m\ 10^{-3}]$	0.0	
	K Gradient	1.0			
	Putpath: "C:\Users\Micha\Desktop\LCO_Data\LCO_CIRCE_80to100_T6_dim100.txt"				

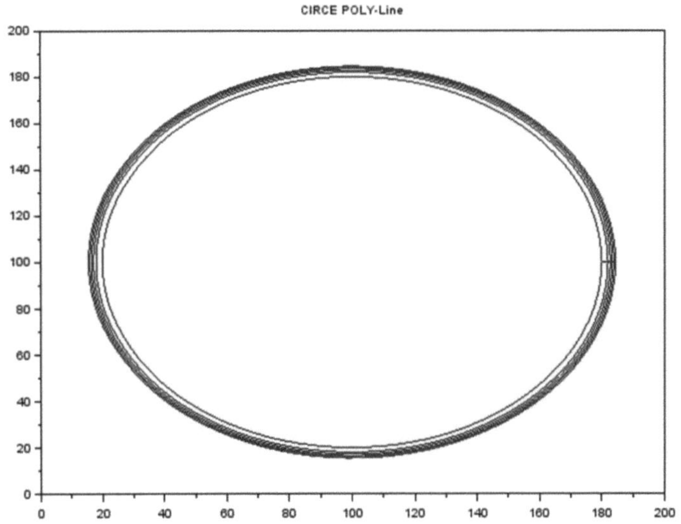

Determinierung Procedure:	[X, Y, Z]=nCIRCE(Ra, Ri, bdim, T, kapa, xc, yc, zc);			
Lokale DIM	100	Gen. DIM	600
R(innen)　[m 10^{-3}]	90.0	Xcenter [m 10^{-3}]	100.0
R(aussen) [m 10^{-3}]	100.0	Ycenter [m 10^{-3}]	100.0
T　Teilung	6	Zcenter [m 10^{-3}]	0.0
K　Gradient	0.5		
Putpath: "C:\Users\Micha\Desktop\LCO_Data\LCO_CIRCE_90to100_T6_k05_dim100.txt"			

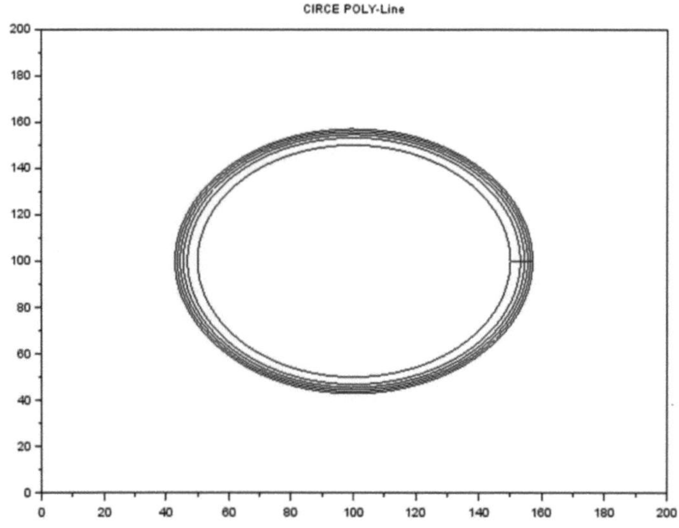

Determinierung Procedure:	[X, Y, Z]=nCIRCE(Ra, Ri, bdim, T, kapa, xc, yc, zc);				
	Lokale DIM	100	Gen. DIM	600	
	R(innen) [m 10^{-3}]	80.0	Xcenter [m 10^{-3}]	100.0	
	R(aussen) [m 10^{-3}]	100.0	Ycenter [m 10^{-3}]	100.0	
	T Teilung	6	Zcenter [m 10^{-3}]	0.0	
	K Gradient	0.5			
	Putpath: "C:\Users\Micha\Desktop\LCO_Data\LCO_CIRCE_80to100_T6_k05_dim100.txt"				

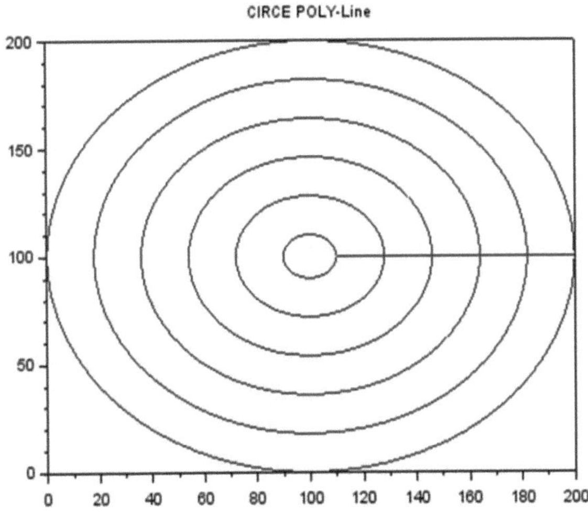

Determinierung Procedure:	[X, Y, Z]=nCIRCE(Ra, Ri, bdim, T, kapa, xc, yc, zc);				
	Lokale DIM	100		Gen. DIM	600
	R(innen) [m 10^{-3}]	10.0		Xcenter [m 10^{-3}]	100.0
	R(aussen) [m 10^{-3}]	100.0		Ycenter [m 10^{-3}]	100.0
	T Teilung	6		Zcenter [m 10^{-3}]	0.0
	K Gradient	1.0			
	Putpath: "C:\Users\Micha\Desktop\LCO_Data\LCO_CIRCE_10to100_T6_k10_dim100.txt"				

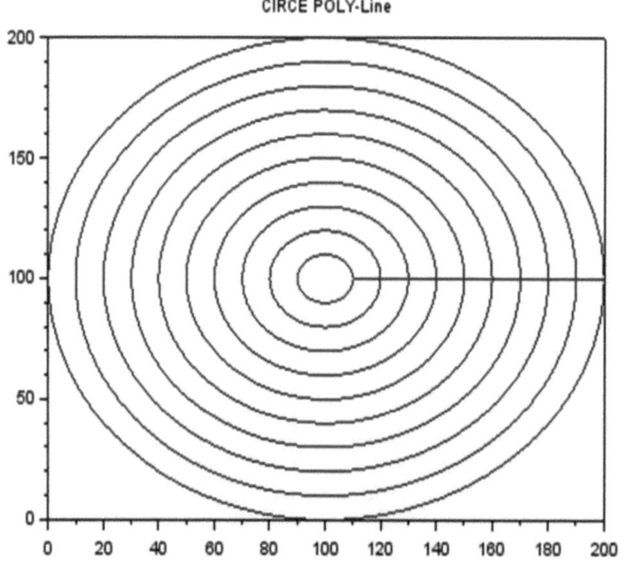

Determinierung Procedure:	[X, Y, Z]=nCIRCE(Ra, Ri, bdim, T, kapa, xc, yc, zc);			
	Lokale DIM	100	Gen. DIM	1000
	R(innen) [m 10^{-3}]	10.0	Xcenter [m 10^{-3}]	100.0
	R(aussen) [m 10^{-3}]	100.0	Ycenter [m 10^{-3}]	100.0
	T Teilung	10	Zcenter [m 10^{-3}]	0.0
	K Gradient	1.0		
	Putpath: "C:\Users\Micha\Desktop\LCO_Data\LCO_CIRCE_10to100_T10_k10_dim100.txt"			

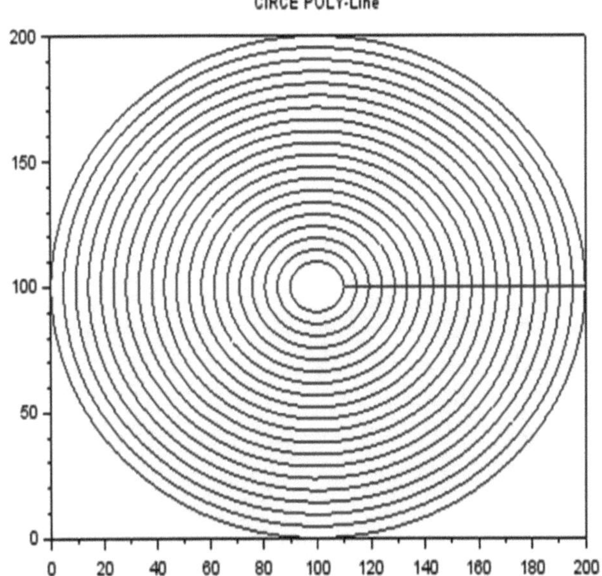

Determinierung Procedure:	[X, Y, Z]=nCIRCE(Ra, Ri, bdim, T, kapa, xc, yc, zc);				
Lokale DIM	100		Gen. DIM	2000	
R(innen) [m 10^{-3}]	10.0		Xcenter [m 10^{-3}]	100.0	
R(aussen) [m 10^{-3}]	100.0		Ycenter [m 10^{-3}]	100.0	
T Teilung	20		Zcenter [m 10^{-3}]	0.0	
K Gradient	1.0				
Putpath: "C:\Users\Micha\Desktop\LCO_Data\LCO_CIRCE_10to100_T20_k10_dim100.txt"					

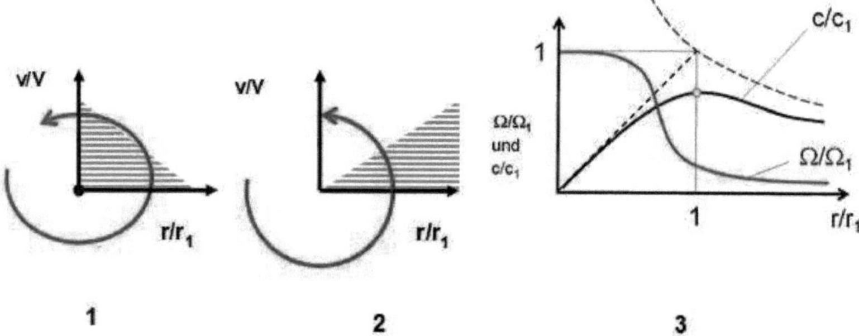

Abb.1: (1) Gradient der generalisierten Geschwindigkeit in einem Potentialwirbel, Festkörperwirbel (2) und Rankine-Wirbel (3), (eigene Darstellung Mi. Felgenhauer 2020).

$X = a_x \varphi R \cos(\varphi)$

$Y = a_y \varphi R \sin(\varphi)$

$Z = a_z \varphi R$

für φ: $\{2\pi n < \varphi < 0\}$ und $\{0 < \varphi \, 2\pi n\}$;

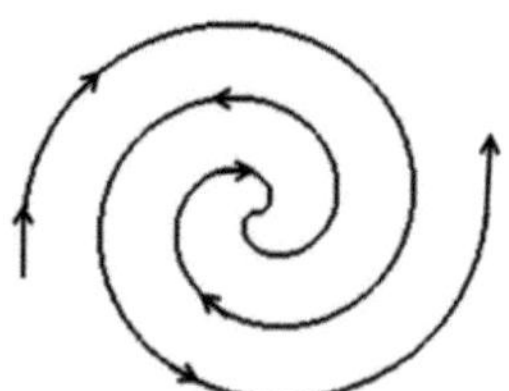

Abb.2: Schema einer Lundgren-Form.

(eigene Darstellung Mi. Felgenhauer 2020).

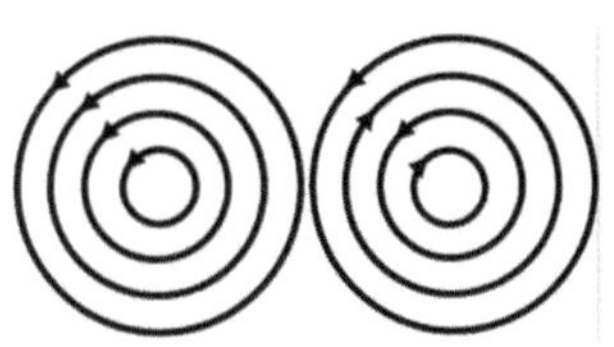

Abb.3: Zwei konzentrisch angeordnete Objekte, die unterschiedlichen Erzeugendensystemen entstammen.
Lineare Streichbewegung (links) und fermat'sche Wicklung (rechts).

(eigene Darstellung Mi. Felgenhauer 2021).

mit ζ von 0 bis 2π: X=Ra cos(ζ) und Y=Ra sin(ζ);
mit ζ von 2π bis 0: X=Ri cos(ζ) und Y=Ri sin(ζ);

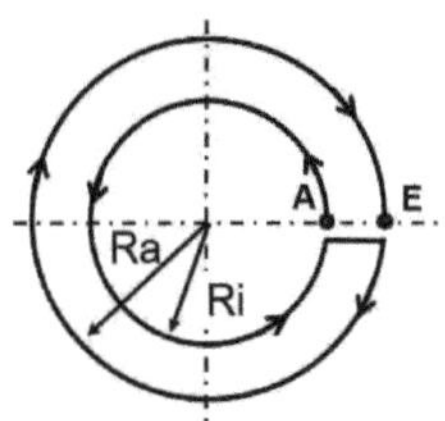

Abb.4: Schema einer CIRCE-Form.

(eigene Darstellung Mi. Felgenhauer 2020).

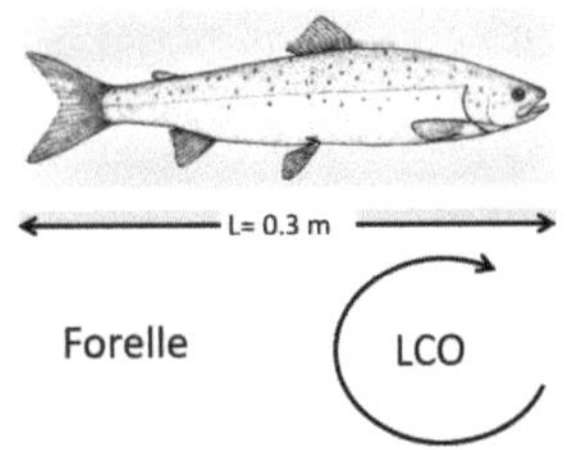

Abb.5: Größenordnungen. Der Laborwirbel CIRCE determiniert reale Koordinaten.
Modellannahme: RA(LCO) = 0.05 [m].

(eigene Darstellung Mi. Felgenhauer 2021).

Variationen des Modells CIRCE (Abb.6)			
	R(innen)	50	
	R(aussen)	100	
	Teilung	2	
	Gradient	1	
	Dimension	200	
	R(innen)	50	
	R(aussen)	100	
	Teilung	4	
	Gradient	1	
	Dimension	400	
	R(innen)	80	
	R(aussen)	100	
	Teilung	2	
	Gradient	1	
	Dimension	200	
	R(innen)	80	
	R(aussen)	100	
	Teilung	4	
	Gradient	1	
	Dimension	400	
	R(innen)	80	
	R(aussen)	100	
	Teilung	6	
	Gradient	1	
	Dimension	600	

Variationen des Modells CIRCE (Abb.7)		
	R(innen)	10
	R(aussen)	100
	Teilung	6
	Gradient	1
	Dimension	600
	R(innen)	10
	R(aussen)	100
	Teilung	10
	Gradient	1
	Dimension	1000
	R(innen)	10
	R(aussen)	100
	Teilung	20
	Gradient	1
	Dimension	2000
	R(innen)	90
	R(aussen)	100
	Teilung	6
	Gradient	0.5
	Dimension	600
	R(innen)	80
	R(aussen)	100
	Teilung	6
	Gradient	0.5
	Dimension	600

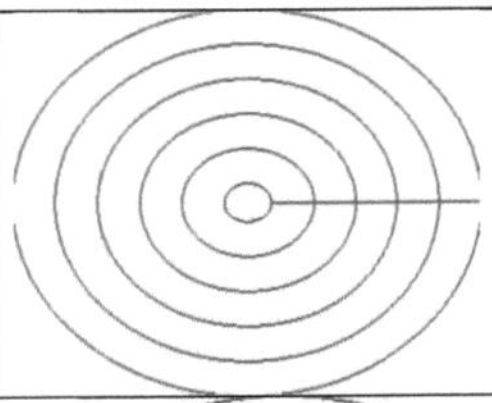

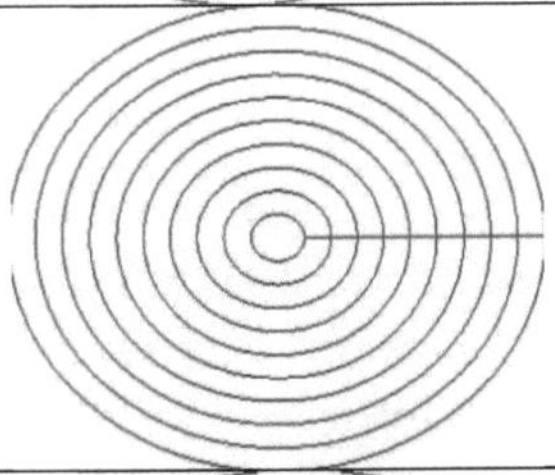

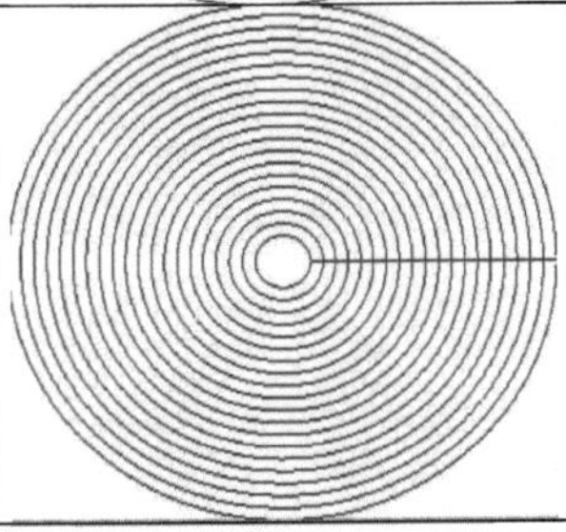

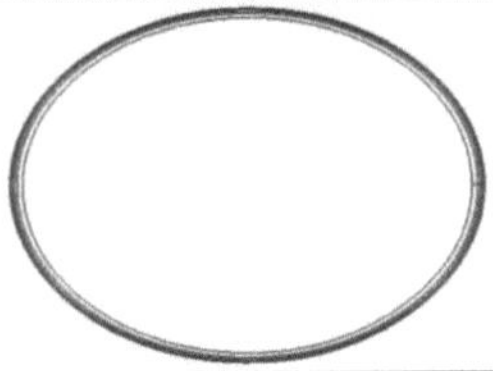

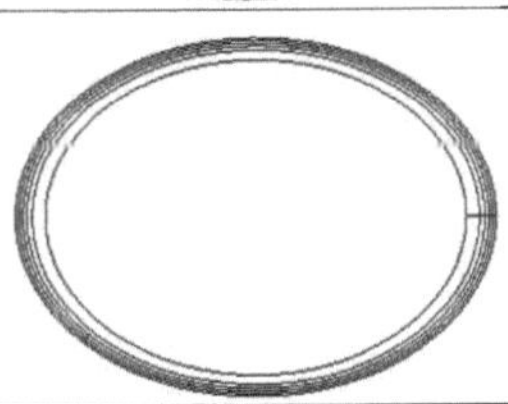

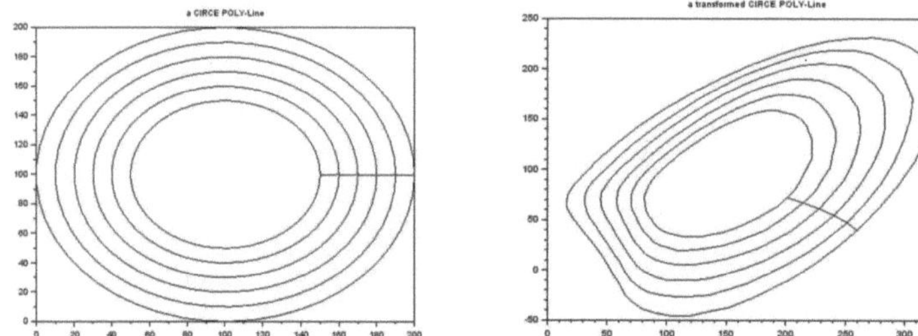

Abb.8: Realisierung einer CIRCE-Form mit der Teilung (6) nach Maßgabe der Definition des Laborwirbels CIRCE[Ra,f,n,k,][c][t] (links) Deformation nach einer konformen Transformation vom D'Arcy Thompson-Typ (rechts).

(eigene Darstellung Mi. Felgenhauer 2021).

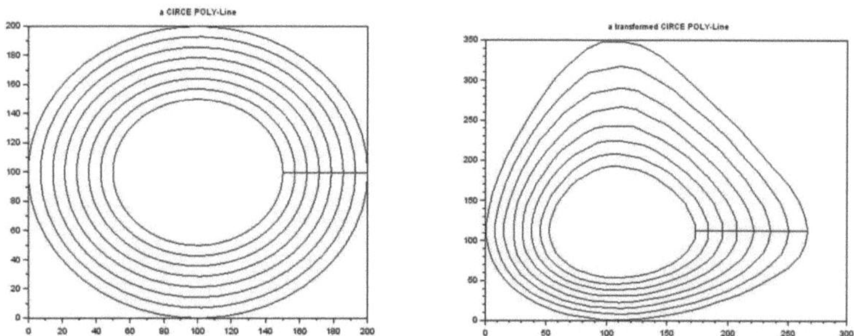

Abb.9: Realisierung einer CIRCE-Form mit der Teilung (8) nach Maßgabe der Definition des Laborwirbels CIRCE[Ra,f,n,k,][c][t] (links) Deformation nach einer konformen Transformation vom Sinudialen-Typ (rechts).

(eigene Darstellung Mi. Felgenhauer 2021).

BEI GRIN MACHT SICH IHR WISSEN BEZAHLT

- Wir veröffentlichen Ihre Hausarbeit,
  Bachelor- und Masterarbeit

- Ihr eigenes eBook und Buch -
  weltweit in allen wichtigen Shops

- Verdienen Sie an jedem Verkauf

Jetzt bei www.GRIN.com hochladen
und kostenlos publizieren